陆小小\著

既然选择了远方便只顾风雨兼程

台海出版社

图书在版编目(CIP)数据

既然选择了远方,便只顾风雨兼程 / 陆小小著. — 北京 : 台海出版社, 2018.7

ISBN 978-7-5168-1964-7

Ⅰ.①既… Ⅱ.①陆… Ⅲ.①人生哲学–通俗读物 Ⅳ.①B821–49

中国版本图书馆 CIP 数据核字(2018)第 134928 号

既然选择了远方,便只顾风雨兼程

著　　者:陆小小

责任编辑:俞滟荣

装帧设计:芒　果　　　　　　　版式设计:通联图文

责任校对:张　池　　　　　　　责任印制:蔡　旭

出版发行:台海出版社

地　　址:北京市东城区景山东街 20 号　　邮政编码:100009

电　　话:010-64041652(发行,邮购)

传　　真:010-84045799(总编室)

网　　址:www.taimeng.org.cn/thcbs/default.htm

E – mail:thcbs@126.com

经　　销:全国各地新华书店

印　　刷:北京鑫瑞兴印刷有限公司

本书如有破损、缺页、装订错误,请与本社联系调换

开　　本:880mm×1230 mm　　　　1/32

字　　数:160 千字　　　　　　　印　　张:8

版　　次:2018 年 8 月第 1 版　　　印　　次:2018 年 8 月第 1 次印刷

书　　号:ISBN 978-7-5168-1964-7

定　　价:39.80元

前　言

1

有时，我特别喜欢假设。假设让我们回到十年前，谁都不知道未来会发生什么，当前程一片茫然的时候，我们还会为之而奋斗吗？有时，我也会假设我们去往十年后，站在这里，展望谁都不知道的未来，我们又会怎么做？

我们唯一的选择，其实还是努力。

2

很早以前，我便体会到了什么叫冷暖自知。一个人哭，一个人笑，一个人做自己喜欢的事。当别人的狂欢是一群人的孤单时，我的孤单是一群人的狂欢。这是一种藏在心底里的骄傲，可以支撑着我挺直腰背穿过人群，桀骜并且无懈可击。

眼泪流在心里，比流在眼里更加冰冷；压抑藏在心上，比压力扛在肩上还要疼痛。想哭的时候，我总是拼命忍住，太多的脆弱藏在心里；想说的时候，我也是一笑而过，很多的苦楚独自品尝。只有在无人的角落，才敢把悲伤发泄出去，释放一直默默承受的自己；只有在无声的黑夜，才会把倔强全部褪去，回归真实的自己。

谁不是一边受伤，一边成长？谁不是一面流泪，一面坚强？

总有一次失败,让我输得心服口服,最终收敛了狂妄的心;

总有一次失恋,让我刻骨铭心,最终在岁月的轮回里学会了珍惜;

总有一个不眠夜,让我痛彻心扉地哭,最终懂得了什么是成长。

于是明白,所谓的伤害,别人给的委屈,并非是站得越高就会像空气一样稀薄。真正站得高走得远的人,反而比一般人更能消化委屈,也比一般人吃得了更多的苦。只不过,在委屈面前,他们能将委屈转化为成长和进步的养料。

于是我说:人生,说到底,百般的滋味要自己尝,难言的苦痛要自己扛,落下的风雨要自己挡。世界那么大,一颗"玻璃心",怎么走得远?怎么奔跑着追赶时间与梦想?

世间任何由蛹化蝶的过程,都是痛苦的,但也正是这种痛苦,才促成了我们由青涩到成熟的蜕变。

我把这本涵盖了爱情、职场、学业、亲情等生活中方方面面的书送给你。我希望借这些温暖感人而不失力量的文字,让处在困惑和迷茫中的你,找到慰藉,学会接纳挫折,感恩痛苦,从而在未来的人生路上更加勇敢、从容。

我曾是被嘲笑、打击的不起眼的小树苗,我会更努力地成长为参天大树。

目　录

Part **1**

没有一种公平，是单为你准备的

上帝对每个人都不是公平的，因为总有人在某一方面比另一个人好；上帝对每个人又都是公平的，因为它对每个人都不公平。

可是你要知道，没有任何你所遭受的痛苦，都是上帝专为你而准备的，只是你赶上了，只是你需要面对罢了。所以，如果不公平找到了你，那就让自己的心接受这不公平的"贺礼"吧。

01.若木已成舟，那就欢喜地接受吧

这个世界本身就不是根据公平的原则而创造的，如果你为此仇视不公平，背地里唉声叹气，指责抱怨，**这或许能解一时之气**，但不能改变实质。不要奢望自己成为**上天的宠儿，假如**生活欺骗了你，给了你诸多不公平的待遇，**那么请你接受比尔·盖茨**的忠告："生活是不公平的，你要去适应它。"

1

莎拉·波哈特，是一位深谙人生之道的女性。她曾经是四大州剧院独享荣耀的皇后，深受世界观众的喜爱。然而，在她71岁那年，不幸接二连三出现了。她先是破产，后是医生告诉她必须截肢。面对这样的悲惨现实，医生以为莎拉会暴跳如雷，可她却平静地说："如果非这样不可的话，那只好如此了！"

她被推进手术室的时候，她的儿子在一旁一直哭。她挥挥手，表情依然平静，说："不要走开，我很快就会回来。"去手术室的路上，她给医生和护士背她演过的台词，让他们高兴，她说：

"他们心里的压力比我的更大。"

手术很顺利，恢复健康后，莎拉·波哈特没有告别舞台，她继续周游世界，让观众又为她痴迷了七年。当有人向她询问乐观的秘诀时，她笑着说："我养成了一种习惯，就是接受不可改变的事实。"

有人说过：人生因为遗憾而美丽！如果我们不能把不幸看作是上天给我们的另一种恩宠，那就不妨试着让自己去接受。人生十有八九不如意，一味地抱怨生活，天空永远布满阴霾；学会接受，天空才会艳阳高照。

2

历史上最有名的死亡，除了受难的耶稣外，可能就要数苏格拉底了。当时，雅典市内那些羡慕与嫉妒苏格拉底的一帮人控告苏格拉底，让他受审并被判死刑。当狱卒把毒酒递给苏格拉底时，他说："请轻饮这必饮的一杯吧！"苏格拉底平静温柔地面对死亡，显示了他高贵的一面。

但是今天，这个纷扰的世界似乎更需要这句话："请轻饮这必饮的一杯吧！"

河蚌与珍珠的故事，不知被人们编译成多少版本。当沙子进入河蚌的壳内时，河蚌是很痛苦的，可它又无力把沙子吐出去。在那一刻，它面临着两个选择：要么抱怨日子煎熬，要么想办法与沙子和平共处。河蚌选择了后者，它尝试把沙子包起来。渐渐地，当沙子裹上了河蚌赠予的外衣时，河蚌就认为它是自己的一部分了，而非异物。就这样，河蚌接受了沙子的存在。日积月累，河蚌让沙子变成了晶莹饱满的珍珠。

河蚌是无脊椎动物，也没有大脑，属于低等生物。然而，连一种没有大脑的低等生物都知道想办法适应无法改变的事实，把让自己痛苦的东西转变为自己可接受的一部分，那么芸芸众生中聪慧的人们，又怎能连河蚌都不如呢？

3

普瑞尔生于巴黎附近一个小镇，父亲经营一家皮革店，因此，普瑞尔也常常到店里玩。

就在普瑞尔3岁时，命运给了他第一个不公平的待遇。有一天，父亲因为有事离开了店铺，普瑞尔便一个人在店里玩，他不小心用小刀划伤了左眼，导致左眼失明。从此以后，陆陆续续的不公平接连降落在普瑞尔身上。

普瑞尔的左眼失明后不久，右眼又受到发炎影响也看不见了。从此，年仅3岁的普瑞尔便失去了用眼睛看世界的能力。然而，普瑞尔并没有因此变得沉默、郁闷，他仍然像未失明时那样活跃快乐。他五六岁时也和其他小孩一起去学校上课。

10岁时，在巴黎启明青年学院，普瑞尔开始读大凸字的书。不过,由于字母非常大且凸出纸面,一本小书往往有几寸厚;书虽然十分厚重,内容却不多。也就是从这时候起,普瑞尔有了一个梦想:"一定有方法可以让盲人像正常人一样学习,一定有方法让盲人能更方便地阅读。我一定要找出这个方法来,一定要!"

15岁时,他受到陆军上尉巴比业发明的军令暗码的启发,并经过无数次的研究和组合,终于将字母以不同的点和位置组合表示出来,盲人只需用手指触摸这些不同点、位的组合,就可以读出字母甚至文章(以下我们将之称为凸点系统)。

然而,当普瑞尔在学院公布这个新方法时,却受到别人的冷嘲热讽。不过,普瑞尔没有气馁,他对这个方法充满信心,并且不断改良打凸点的方法,终于在20岁时,他正式完成了普瑞尔凸点系统。

不过,普瑞尔凸点系统也和他本人一样受到了不公正的待遇。很多人对此毫不重视,极度埋怨的人也大有人在。但是,直到普瑞尔去世之前,他都未曾放弃过。不管到哪里,他都努力宣传他的凸点系统,并教导学生使用。

积劳成疾的普瑞尔在他43岁生日后的两天不幸逝世,临终时,他说:"人心是非常难了解的,但我相信我在地球上的使命已经完成了。"说完不久,便含笑而终。时至今日,这个系统在世界已经普遍为盲人所使用。

对于普瑞尔来说,命运何其不公!可以说他的人生之旅没有一步是顺利的,但他并没有自怨自艾、自暴自弃,反而创造了一个造福所有盲人的奇迹。

其实,许多不公平的经历我们是无法逃避的,也是无从选择的,我们每天都在过着不公平的生活,但快乐与否,与公平是无关的。承认生活中充满着不公平这一事实,便能激励人们去尽其所能,而不再自我伤感,我们知道让每件事情完美并不是"生活的使命",而是我们自己对生活的挑战。而且,承认生活并不总是公平这一事实,并不意味着我们不必尽己所能去改善生活,去改变这个世界;恰恰相反,它正表明我们应该这样做。

当一切已成既定的事实无法改变时,收起抱怨和愤恨,试着转变自己的心态,去接受,去适应。在可控的范围内,接受现实,改变自己,不单单省去了苦恼,还能收获不一样的人生。

02.命中注定,这锅它可不背

接受不幸,屈从命运,是一个人一生中最大的不幸。纵然遭遇不幸,却能积极地挑战不幸,不屈服命运的人,会把不幸当成奋进的阶梯,进而摆脱不幸获得成功。

1

威尔逊当初只是一个普普通通的小职员,经过多年的奋斗,终于拥有了自己的公司,成了一位成功的企业家,并受到了人们的尊敬。

有一天,威尔逊离开办公楼,刚刚走上大街,忽然从他身后传来了再熟悉不过的"嗒嗒"声,他很清楚,这是盲人用竹竿敲打地面所发出的声响。威尔逊愣了一下,停了下来。

那盲人感觉前面有人,连忙来了精神,上前说道:"尊敬的先生,您一定发现我是一个可怜的盲人,希望我可以占用您一点点时间。"

威尔逊说:"那好吧,不过我有很重要的事情要做,你快说吧。"

盲人在一个包里摸索着掏出了一个打火机,然后放到威尔逊的手里,说:"先生,这个打火机只卖一美元,这可是最好的打火机,您可以试一下。"

威尔逊没说什么,他把手伸进西服口袋,掏出一张钞票递给了盲人:"我并不抽烟,但我可以帮助你。我会把这个打火机,送给开电梯的小伙子,也许他可以用得着。"

盲人接过钱,用手一摸,竟然是一百美元!他用颤抖的手反复抚摸着钱,嘴里连连感激着:"先生您真是太仁慈了,上帝会保佑您!您是我遇到的最慷慨的先生!我会为您真心地祈祷!"

威尔逊笑了笑，正准备要走，盲人又拉住了他，并喋喋不休地说了起来："先生，您也许不知道，我不是天生的盲人，这都要怪23年前布尔顿那次不幸的事故！那真是太可怕了……"

威尔逊为之一震，脱口问道："你是在那次化工厂爆炸中失明的吗？"

盲人仿佛遇见了知音，兴奋得连连点头："就是，就是。您也知道这件事？这也难怪，那次光炸死的人就有93个，伤残的人有好几百，在当时那可是头条新闻啊！"

盲人讲述着他的不幸，想用自己的遭遇打动对方，争取再得到一些钱。他可怜巴巴地说："我真是太可怜了！到处流浪，孤苦伶仃，吃了上顿没下顿，我没有过一天舒心的日子……"他越说越激动，"你也许还不知道当时的情景，那火一下子就冒了出来！仿佛它是来自地狱的灾难！人们不顾一切地逃命，人群都挤在了一起。我好不容易才冲到门口，就快要出去了，可是有一个大个子在我身后大喊：'让我先出去！我还年轻，我不想死！'他推倒了我，踩着我的身体跑了出去！我失去了知觉，等我醒来，眼睛便失明了。命运真是太不公平了！"

威尔逊冷冷地道："事实恐怕不是这样吧？"

盲人一惊，用空洞的眼睛呆呆地对着威尔逊。

威尔逊一字一顿地说："我当时也在布尔顿化工厂当工人，是你从我的身上踏过去的！你长得比我高大，你说的那句话，我永远都忘不了！"

盲人站在那里,过了好一会儿,他突然一把抓住威尔逊的手,爆发出一阵大笑:"这就是命运啊!不公平的命运!你在里面,今天你却出人头地了,我跑了出去,却变成了一个没有用的盲人!"

威尔逊用力推开盲人的手,举起了手中那根精致的棕榈手杖,平静地说:"你知道吗?我也是一个瞎子,但我不相信命运。"

法国启蒙思想家卢梭有这样一句名言:"人的价值是由自己决定的!"这就告诉我们,任何人都不能以"命中注定"为借口屈服于命运的安排。

2

如果把人生比作一场牌局,那么命运是庄家,我们是玩家。虽然庄家掌控着游戏规则,但我们也有选择怎样出牌的权利。命运看似无从改变,实则时时都在变化,命运其实掌控在我们自己的手中。

在人生的这场牌局中,抓到烂牌的概率很大,牌面的好坏有时不由我们选择,但我们可以尽最大努力将牌打得无可挑剔,让手中的牌发挥出最大威力。

你要记住:上帝只是负责发牌,玩牌的却是我们自己。

"三分天注定,七分靠打拼。"这句话告诉我们:命运最终都攥在自己的手中，不能随随便便就向命运屈服。你想结出什么样的果实，全靠你自己。很多人相信命运，认为一些事情在冥冥之中自有天注定，是命运的安排，再怎么努力也无济于事。但是，更多的成功人士只相信"没有命中注定，只有事出有因"。遇到困难和挫折时，不要把责任都推给命运，并因此任由命运安排。这个时候，我们不应该相信命运，应该相信自己，应该努力想办法解决问题，所谓"种瓜得瓜，种豆得豆"，说的便是这个道理。

无论遇到任何困难，请大声告诉自己：我不相信命运，不屈服命运！只要坚持，我就能笔墨酣畅地尽情描绘人生蓝图！相信，你的生命会因此变得更精彩。

3

茨威格说："命运总是喜欢让伟人的生活披上悲剧外衣，并且在他们前进的道路上设置重重障碍，以便让他们在追求真理的征途中锻炼得更加坚强。命运戏弄着这些伟大人物，但这是大有补偿的戏弄，因为艰苦的考验总会带来好处。"当悲剧降临到我们的头上时，既然不能逆转时间去改变已经发生的事，那就调整心态，就当是披了一件悲剧的外衣，而只有这样的外衣，才能帮助我们穿过极寒的地带，登上成功之巅。

在轮椅上生活了几十年的霍金曾经写下过这样一段文字：

"我的手指还能动,我的大脑还能思考,我有终生追求的理想,我有爱我和我爱的亲人、朋友,我还有一颗感恩的心。"

如此乐观、豁达的霍金并不是生来就坐轮椅的。在青年时期,他曾是牛津大学公认的最有前途的学生,曾获奖无数。但是在大三那年,他突然发现自己身上出现了一种奇怪的症状,他的手脚一日不如一日灵活,他走路时还会无缘无故地跌倒。

经过专家诊治,霍金了解到自己患上了运动神经细胞病,这种病会让肌肉慢慢地萎缩、硬化,并且无药可医。这就意味着,一向健硕的霍金要拖着自己虚弱无力的身体在轮椅上度过下半辈子。

不幸的事情还远远没有结束,在全身瘫痪数十年后,身体虚弱不堪的霍金意外感染了肺炎。为了他的安全着想,医生不得不为他进行气管切开手术。手术很可怕,要在他脖子及气管上切一个口子形成通气孔,这样一来,霍金就再也不能说话了。

没有了灵活的双腿,没有了健康的体魄,没有了说话能力,霍金饱尝了生命中的各种不幸,但是坚强的他并没有因此放弃生命,也没有因为委屈而整日抱怨,他说:"生活是不公平的,不管你处境如何,都必须全力以赴。"

就是因为这份积极乐观的心态,帮助霍金不断开发自己的潜力。现在,他已经跻身世界上最著名的物理学家之列,并且拥有12个荣誉学位,3个子女,1个孙子,是英国皇家协会的特别会员。

上天给了霍金远远超过凡人的头脑，这是霍金的喜剧，但同时，上帝又将健康的身体从霍金身上剥夺，这是霍金的悲剧。而就在这人生的悲喜轮转之间，霍金一方面安然地接受了生命加诸自己的所有悲喜，一方面积极地面对命运，最终成就了自己。这样的人自然会被列入英雄之列。

沙子嵌入蚌柔嫩的肉中，似乎是蚌的不幸，蚌却在饱受磨砺的痛苦中培育出了温润的珍珠，成就了自己的幸运。人生有喜剧的馈赠，也总免不了悲剧的磨砺，而只有经得起这所有的悲喜，以安然的心态面对人生的福祸变换，才可能成为平凡人生里的英雄豪杰。

每一场喜剧都播撒着幸福，每一场悲剧也都造就着英雄。因此，无论人生是怎样的一出悲喜剧，都别放弃平凡人生中的英雄梦想。要知道，只有扛住暴风雨的打击，才能看到彩虹的美丽。

03.你不上进,凭什么还让幸运眷顾你

如今的世界里,没有谁比谁容易,只是我们习惯看到萤火虫发出的光芒,却忽略它扇动的翅膀。不要责备命运赐予你的太少、生活对你过于吝啬,要知道,人人都有挣扎与努力,都有困惑与宿命。

1

有两个年轻人同在一家卖场工作,其中一个已经在这里待了四年。他的朋友与他在柜台边交谈,他说,这家商店没有器重他,他正准备跳槽。在谈话中,有个顾客走到他面前,要求看看帽子,但这个年轻人却置之不理,继续谈话。直到说完了,才对那位显然已经不高兴的顾客说:"这儿不是帽子专柜。"顾客问帽子专柜在哪儿,年轻人懒洋洋地回答:"你去问那边的管理员好了,他会告诉你的。"四年来,这个年轻人有过很多这样的经历,他本可以使每一位顾客成为回头客,从而展现出他的才能,但他却损失掉了一个又一个机会。

另一个年轻人则是新来的。这天下午,外面下着雨,一位老

妇人走进店里,漫无目的地闲逛,很显然她并不打算买东西。大多数售货员都没有搭理这位老妇人,而那位年轻的店员则主动向她打招呼,很有礼貌地问她是否有需要服务的地方。老妇人说,她只是进来避避雨,并不打算买东西。这位年轻人安慰她说:"没关系,即使如此,你也是受欢迎的。"他主动和她聊天,以显示他确实欢迎她。当她离开时,年轻人还送她出门,替她把伞撑开。这位老太太向这位年轻人要了一张名片,就走了。

后来,这个年轻人完全忘了这件事。有一天,他突然被公司老板召到办公室,老板向他出示了一封信,是那位老太太写来的。老太太要求这家百货公司派一名销售员前往苏格兰,代表该公司接下一宗大生意。老太太特别指定这位年轻人接受这项工作。原来这位老太太就是美国钢铁大王安德鲁·卡耐基的母亲。这位年轻人由于他的敬业和待人热忱,获得了这个极佳的工作机会。

而那位在卖场工作了四年的年轻人在得知有位新人获得这样一个大好机会以后,他愤怒了,他逢人就说那人肯定是总经理的亲戚,而他并不知道在那个年轻人身上发生了什么。

当然,这个年轻人之所以能得到这个晋升机会,有一点偶然的因素,但有一句话一直都在提醒着每个人:机遇永远留给有准备的人。那些办事三心二意,干活投机耍滑的人,永远都不可能把机遇牢牢地握在掌心。就如第一个店员,他每天都满腹牢骚,甚至对顾客恶脸相向,即使他碰上的是类似于卡耐基母亲这样的人物也不可能平步青云,弄不好反而会丢了工作。

是的,世间从没有一蹴而就的完美,也没有从天而降的幸运,我们总是羡慕别人的光芒,却不擅长透过表面看到别人背后的努力。其实,生命是一个慢慢积累的过程,很多事情,需要等待很久才能看到努力后的回报。期间的种种艰辛,旁人未见或不解,个中滋味只有亲身经历才会懂。

2

成功是一件非常难的事情,但并不是一件不可完成的事情,有很多人取得了成功,站在了成功的顶峰上。这些人之所以能够取得成功,主要是因为他们懂得为自己积蓄一切可以成功的力量。

在不同人的眼中,世界也会变得不同。其实星星还是那颗星星,世界依然是那个世界。你用欣赏的眼光去看,就会发现很多美丽的风景;你带着满腹怨气去看,你就会觉得世界一无是处。

其实,觉得世界不公平,本质还是你不够强大,你还没有做得足够好。

有句话说得好,"凡墙都是门",即使你面前的墙将你封堵得密不透风,你依然可以把它视作一条出路。琐碎的日常生活中,每天都会有很多事情发生,如果你一直沉溺在已经发生的事情中,不停地抱怨,不断地指责,总觉得别人都比你幸运,总觉得生活错待了自己。这样下去,你的心境就会越来越沮丧。一直懂得抱怨的人,注定会活在迷离混沌的状态中,看不到人生前方一片明朗的天空。

请欣然接受生命中的每一件事,不管人生怎么样,总要让自己的生命充满了绚烂与星光,不要总觉得自己是永远的受害者,人生有无限的可能,一切都掌握在你手里。

3

她曾是身无分文的农村姑娘,如今已是腰缠万贯的成功女性。23岁的她,只用了短短三年的时间,就让人生实现了如此大的跨越。

时间拉回到三年前,那时的她,正在一户人家做保姆。偶然的一天,女主人让她陪着自己去参加一个楼盘的开盘活动。当时,售楼处挤满了人,售楼人员带大家参观样板房时,不知道是谁撞翻了客厅墙角的花盆架,不偏不倚正好砸在电视机上,一下子把屏幕砸碎了。看房的人们面面相觑,纷纷推卸责任,都说不知道怎么回事。售楼人员望着一片狼藉的场景,急得快哭了。

回来的路上,她的脑子里一直想着刚刚发生的事。途经一家玩具店时,她突发奇想:能不能像玩具模型那样,用一种塑料的仿真家电来代替实物呢? 这样的话,开发商不仅可以降低成本,挪动起来还很方便,且不怕摔不怕碰。

她把自己的想法告诉了女主人,没想到,女主人非常赞同她的想法,还表示愿意为她的创意投资。欣喜若狂的同时,她心里也有些许顾虑:自己只是一个小保姆,做这样的事会不会让人嘲笑?她把心思怯怯地说给女主人听,女主人非常平静,诚恳地对她说了一句让她没齿难忘的话:"这个世界上,没有谁生来平庸。"

在女主人的倾力支持下,她开始着手联系生产厂家,拿着自己产品的照片到各个楼盘去做推销,还热情地带领房地产公司的负责人来参观自己设计的家电模型。因为一套家电模型的成本,不及实物成本的十分之一,且比实物看起来更美观耐用,她的产品备受客户的青睐,首批生产的几十套产品,很快就销售一空。

初次尝试就取得了成功,这给了她莫大的信心。之后,大到沙发、衣柜、书柜、电脑桌,小到厨具、餐具、摆设,她的模型公司都开始进行生产。有一段时间,产品竟然出现了供不应求的局面。不到一年的时间,她的公司就迅速发展起来,积聚起上百万的资产。

当年那个怯怯的农村小姑娘,如今成了一家大公司的老总。有人说,她运气实在好,做保姆时遇到了好的雇主。可见证了那段历程的人知道,她的今天,绝非全都仰仗运气的青睐,更多的是她自身的努力。当初,在售楼处看房的人拥挤不堪,打碎电视机时推卸责任的人不在少数,而后真正用心去思考这件事,并从中发现机会的人，却寥寥无几。

许多看似得到命运恩宠的人，也许一开始都不过是平平庸庸的一分子，只是他们不抱怨生活，不畏惧生活，而是每分每秒都在用心生活，留意那些转瞬即逝的机会。所以，别再说生活亏欠了你，当你足够用心、足够努力的时候，生命才有逆转的可能。

04.根本就没有那条线，你却总怪它

我们常常听人说，要赢在起跑点。很多时候，从哪里起跑一点也不重要，如果你无法赢在起跑点上，那就要想尽一切办法让自己赢在终点。

1

有一位父亲带着自己的儿子去荷兰参观著名画家梵·高的故居。儿子在小屋中徘徊了几趟，在看过那张小木床及裂了口的皮鞋之后，儿子问父亲："爸爸，梵·高不是一位百万富翁吗？怎么会住在这么贫穷的地方？"

父亲回答："梵·高并不是什么百万富翁，他生前是一个连妻子都没有娶上的穷人。"

第二年，父亲又带儿子去了丹麦，领着儿子参观了安徒生的故居。儿子站在安徒生生前住的阁楼里问父亲："爸爸，安徒生不是生活在皇宫里吗？怎么他会住在这栋阁楼里？"

父亲抚摸着儿子的头，告诉他："安徒生是位鞋匠的儿子，他的生活并不富裕，一直住在这栋阁楼里。"

这位父亲是一名水手，他每年往返于大西洋的各个港口，他并没有多少钱，但总能给自己的儿子带来信心和希望，告诉他世界上许多新鲜的事和各式各样的人物传奇。他给儿子讲过许多名人的故事，告诉他那些名人曾经是怎样的卑微，他们又是怎样从卑微中走了出来，成为影响世界的著名人物。同时，他告诉儿子，这些人不管遭遇怎样的挫折，怎样卑微地生活过，他们的内心中永远都充满自信，正是这股自信最终指引他们走向了最后的成功。他的儿子叫伊东布拉格，是世界上第一位获普利策奖的黑人记者。

二十多年后，伊东布拉格回忆自己童年的时候，曾经深情地说："我小时候，家里除了贫穷以外，还因为是黑人，被许多人看不起。父亲是靠卖苦力为生的，他一辈子没有享过什么福。因此，在很长一段时间里，我一直认为像我们这样地位卑微的黑人是不可能有什么出息的。是父亲让我认识了梵·高和安徒生，也是父亲让我认识到了黑人并不卑微，这两个人的经历让我知道，上帝没有看轻黑人。只要相信自己，通过自己的努力，任何人都有可能获得自己梦想中的成功，而自信正是走向成功的第一步！"

出身卑微并不可怕，对他们来说，卑微的出身会带给他们更多的思考，在思考中能沉淀更多的才能和智慧。有上进心的人总能够让命运的不幸有所改变，最后赢得赞美，成为人们眼中的英雄。

2

你无法选择自己的出身和家庭。这就好像上帝发给你的第一手牌，得到好牌的人固然值得庆贺，拿到坏牌也并不代表你就必然会输。假如我们拿到了一副还算不错的牌，我们最好去争取胜利；假如我们不幸摊上了一副实在很糟糕的牌，我们也要尽自己最大努力找出一两张还不算坏的牌作为自己的强项，让结局变得相对好一些。假如我们在此期间巧妙地把一张坏牌打出去，或许我们还有翻盘的机会。要谨记：在人生当中可能拿到坏牌，但坏牌不意味着必输无疑。

萨迪说："假如你的品德十分高尚，莫为出身低微而悲伤，蔷薇常在荆棘中生长。"或许我们没有一个良好的出身和家庭背景，或许我们的先天条件没有别人好，但是只要我们敢于正视自己的劣势，敢于选择成功的道路，我们一样能走出精彩的人生。

假如你有梦想,就要勇敢去追寻,眼前的一点得失不要太过于在意,要有长远的目光,要有自己坚定不移的信念和方向。人生的轨迹不要用他人的标尺来衡量,也不必刻意复制他人的脚步。

你的主人是你自己,只有放弃对生活的抱怨,往前走,努力改变不好的状态,才能走出一条属于自己的道路。相信,在未来的日子里,你会感谢现在做出努力的你。

3

我们降生的那一刻是一张白纸,日后的人生我们为它填充了不同的色彩,赋予了它不一样的内容。有人或许会觉得,一些人出生的时候有着好的背景,自己在起跑的时候就已经落后了,但若是有着这样怯懦的想法,你将永远追不上对方的脚步。

他出生在孟买的一个贫寒家庭,七八岁开始就已经学会帮着父母赚钱养家,他对社会底层生活的不易有着深深的体会。他的父亲在火车站旁边开了一个小小的茶摊,每天放学后,其他小孩都高高兴兴地回家了,他却要背起书包,一路小跑到车站,帮助父亲卖茶。看着那冒着长烟、奔驰而来与疾驶远去的火车,年纪小小的他内心总会生出无限的向往,想象着自己正坐在那一排长窗的某一扇窗口前,看沿途的风景一一展开。

怀抱这样一份梦想,他相比同龄孩子而言更加成熟。他意识到，在印度这样一个等级制度无比森严的国家，像他这样处在社会底层的人，只有通过不断努力，才有可能改变卑微的命运。数不清的夜晚，他就在如豆的油灯下，通宵达旦地学习知识。读的书越多，他的内心就会越不安分，他苦苦冥思：自己的一生应该怎样活才能更有意义？从那时起，他就萌发了长大后从政的梦想。

然而，他的想法却遭到了身边所有人的嘲讽，都说他不知天高地厚。是啊，一个不起眼的卖茶男孩，竟然有一个想要从政的梦想，简直就是异想天开！面对那些嘲笑，他一笑置之，反而积极参加各种社会活动，坚持为自己的梦想而奋斗。

卑微的出身如同牢笼一样禁锢着他，父母不能理解与支持他，在他们看来，人的命，天注定，娶妻生子，过一份安安稳稳的生活就足够了。他们按照传统为他订了一门"娃娃亲"，并在他刚满18岁时，强迫他完婚。无可奈何之下，他不得不按照父母的意愿完婚。一时的妥协并不意味着他放下了自己的梦想，没过多久，他便不告而别，悄悄离开了贫穷的家乡。

当时，印度政坛风云变幻，经济落后，民不聊生，两年的流浪生活，使他的人生阅历更加丰富，将他的意志磨炼得更加坚强，也让他更明白地看清了自己的梦想：做一个领头人，为自己的国家与人民做一些有意义的事。他再次返回自己的家乡，并加入国民志愿团，一边经营父亲的茶摊，一边参加一些政治活动。

卑微的出身与对贫穷生活的深刻体验，让他更能设身处地为贫苦民众着想。他常常就民主问题发表一些文章并进行评论，他的文章视角锐利、观点犀利，一度在印度政坛掀起狂风大浪。慢慢地，他的政治才能开始凸显，引起了多方人物的关注。

1981年，他加入刚刚成立的印度人民党。几年后，被封为人民党古吉拉特邦秘书长，他作为组织者的才能日益得到认可，开始正式踏入主流政治圈。之后，他就如同所有的政坛明星一样，越来越有影响力，凭借优秀的领导能力，先后出任人民党全国秘书长、总书记甚至古吉拉特邦首席部长。2014年5月，在印度大选中，他用绝对优势战胜出身政治豪门的国大党领袖拉胡尔·甘地，攀登上印度的最高政治舞台。

他的名字叫纳伦德拉·莫迪。

从昔日的街头小贩，到如今12亿人的大国总理，莫迪以自己的传奇经历告诉人们："起点的高低并不意味着终点的高低，低起点更能磨砺一个人的心气。再卑微的起点，只要你肯努力，终点同样可以精彩无限！"

05.这点伤你好意思晒，别人都不好意思看

珍珠贝里的砂石会长出不同的珍珠。人生也是一样，同样有受伤与挫折，但总有一些人能培育最大最美的珍珠。人要像珍珠贝一样养成重塑伤口的本领，转化生命的创伤，使它变成美丽的珍珠。

1

英国劳埃德保险公司曾从拍卖市场买下一艘船，这艘船1894年下水，在大西洋上曾138次遭遇冰山，116次触礁，13次起火，桅杆被风暴扭断了207次，然而它从没有沉没过。

劳埃德保险公司基于它不平凡的经历及在保费方面带来的可观收益，最后决定把它从荷兰买回来捐给国家。现在这艘船就停泊在英国萨伦港的国家船舶博物馆里。

不过，使这艘船名扬天下的却是一名来此观光的律师。当时，他刚打输了一场官司，委托人也于不久前自杀了。尽管这不是他作为辩护律师的第一次失败经历，也不是他遇到的第一例

自杀事件,然而,每当遇到这样的事情,他总有一种负罪感。他不知该怎样安慰这些在生意场上遭受了不幸的人。

当他在萨伦船舶博物馆看到这艘船时,忽然有一种想法:为什么不让他们来参观参观这艘船呢?于是,他就把这艘船的历史抄下来和这艘船的照片一起挂在他的律师事务所里,每当商界的委托人请他辩护,无论输赢,他都建议他们去看看这艘船,从而让他们明白:在大海上航行的船没有不带伤的。

在大海上航行的船,没有不带伤的,我们在生活中同样不可能会一帆风顺,难免会有伤痛和挫折。船没有因为有伤就沉于大海,而是更加坚强地在海上航行。我们不如每天给自己一个希望,每天给自己一份快乐的心情,坦然豁达地面对人生带给我们的一切困难与挫折,快乐由我们自己掌舵!

人生常常浸泡在痛与苦中。一次次心痛、一道道伤痕、一遍遍泪水,洗不去人生的尘埃,抹杀不了命运中的艰辛。何必跟自己过不去,放平自己的心,搁浅自己的梦,把希望打折,把生命烘干,学会在艰难的日子里苦中寻乐!

2

生命中的磨难,其实比一帆风顺更有价值,因为"成功的滋味都差不多,但失败的滋味却有千百种。所以成功不能让人成长,失败才能让人成长"。

25

成长就是这样,痛并快乐着。你得接受这个世界带给你所有的伤害,然后无所畏惧地长大。

人生的路途就是这个样子,颠簸在所难免,抱怨没有用,逃避不可能,现实的人生还需要现实的方法去处理。我们应该相信自己拥有无限潜能,并永远将精力放在探索内在的自我开发和自己无限的潜能上面,而不是去抱怨环境或抱怨无法改变的客观世界,只有这样你才能成功。

只要你愿意改变你的人生,那么贫穷也能变得富裕;如果你甘心平庸一生,那你就注定潦倒一生。

3

在古巴首都大哈瓦那,一个7岁的小男孩整日穿梭于风雨中,他的任务是负责给在煤矿厂做工的父亲送早饭、午饭和晚饭,每跑一趟都需要30分钟左右的时间。

有一座操场是他的必经之路,那是一座田径场,是古巴简易的国家训练中心,里面有许多和他一样大的孩子正在训练,他们的目标是参加国家大型运动会、美洲运动会,甚至世界性的奥运会。

他也渴望有这样一个训练的机会,但家境贫寒的他上不了学,于是,他便利用每日送饭的空当趴在墙头往里面观看,热闹非凡的场景和异常激烈的比赛让他眼花缭乱。为了躲避保卫人员的目光,他选择了一个墙里面种有苹果树的地方,苹果树的叶子可以遮挡他瘦小的身形。

回家时,他央求母亲,他想上学,想去那座操场进行训练,他想成为明星,因为他喜欢体育,喜欢运动。母亲叹了口气,说道:"孩子,你父亲夜以继日地劳动,也只够这一大家子糊口。我们没有钱,如果你想训练,就选择跑步吧!你可以每日计算你送饭的时间,如果哪天你能用最短的时间到达煤矿厂,你就成功了。"

这个孩子听从了母亲的建议,每日都狂奔着去送饭,只是路过操场时,他总会情不自禁地停下脚步,趴在墙头的老位置上张望,直至送饭的时间快要到了,仍然舍不得离开。

那棵苹果树有许多枝条探到了外面,上面结了许多苹果,但墙外边的那些苹果总是没成熟便被路人摘得七零八落,只有几枚墙内的苹果仍挂在枝头。

苹果成熟的季节,他想着可以给母亲捎几个回去。在找寻苹果时,他意外地发现墙外边依然挂着一枚不太好看的苹果,他摘下来咬了一口,感觉十分香甜可口,于是,他想办法跳进了墙里面,将里面的苹果摘了个精光,他想让母亲品尝一下这人间鲜果。

母亲十分感动,放到嘴边咬了一口,但他从母亲的表情中发现了异样,便问母亲:"不好吃吗?我吃了一颗不太好看的,挺好吃的呀!"母亲回答说:"挺好吃的。"

晚上,他吃了那些苹果中的一颗,感觉酸涩得厉害,这是怎么回事?难道墙外的苹果比墙内的甜吗?他便去问母亲。

母亲语重心长地解释:"那是因为墙外的苹果经历的困难比

墙内的多，墙外邻路，多灰尘，多经历雨雪风霜，路过的人也多，自然使得墙外的苹果学会了坚忍不拔，所以结出的果子才更加香甜。"

他恍然大悟。

从那天起，他不再留恋那墙内的风景，每日坚持跑步，这样的日子坚持了8年。

这个叫罗伯斯的年轻人，从2006年开始在体坛崭露头角，他打破了世界冠军刘翔保持的110米跨栏的世界纪录，并且在2008年北京奥运会上夺得了金牌。

墙外的苹果总是比墙内的甜，因为它经受了更多风雨的洗礼和世间的磨难。它的个头可以瘦小，可以毫不起眼，但只要挺过去，到了成熟的季节，就一定可以成为最香甜可口的人间鲜果。

Part 2

不需要努力就能得到的只有年龄

　　时光,它总会老去。但是,时光它从来不会欺骗我们,我们对美好光阴的荒废,我们为追逐梦想付出的努力,一点一滴,它都会看在眼里,记录在册,等到我们老去的那一天,一并还给我们。你若对得起走过的那漫漫时光,时光会还你一个无悔人生;你若蹉跎了岁月,时光也将毫不留情地置你于懊悔的深渊之中。

01.在太阳升起前，一起去迎接夕阳吧

　　许多人都忽略了积少才可以成多的道理，一心只想一鸣惊人，而不去勤奋努力，等到忽然有一天，看见比自己起步晚的人，比自己天资笨拙的人，都已经有了可观的收获，才惊觉自己这片地里还是颗粒无收，这时才明白，不是自己没有理想或志向，而是自己一心只等待丰收，却忘记了要勤奋播种、施肥、除草。

1

　　这个世界上确实有天才，但天才不等于可以不努力。世人眼中的哈佛是世界最高学府，能进哈佛的学生一定天赋异禀，可是哈佛的校训中就告诫人们只有勤奋才能有所收获。

　　爱因斯坦曾说过："人的差异在于业余时间。"每人每天工作的时间都是8个小时，付出的也都差不多，获得的回报也差不多，但要想改变自己的人生，让自己与别人不一样，那就必须用上业余时间，谁的业余时间用在学习上的越多，那么他获得成功的概率就越大。

1903年,在纽约的数学学会上,一位名叫科尔的数学家成功地解答了一道世界级数学难题。在人们的惊诧和赞许声中,有一个人向科尔恭维道:"科尔先生,你是我见过最有智慧的人。"

科尔笑了笑,回答道:"我不是最有智慧的,我只是比你们更勤奋罢了。"

听到了科尔如此回答,那个人很疑惑。科尔说:"你知道我论证这个课题花了多少时间吗?"

那个人说:"一个礼拜。"科尔摇了摇头。

"一个月?"科尔还是摇了摇头。

那个人见到科尔否定,很吃惊地问:"我的天啊,不会是一年吧?"

科尔笑了笑,回答:"先生,你错了,不是一年,而是三年内的全部星期天。"

一分耕耘,一分收获的道理是永远不会变的。在成功的路上,人人都希望有捷径,能够付出最少的努力获得最大的收益,事实上这是不可能的事情。成功的唯一捷径只有勤奋。即便你聪明绝顶,不肯花时间、花精力,最终也只能被普通人超越。

2

巴尔扎克小的时候成绩特别糟糕,全班共有35个孩子,他的拉丁文成绩排列第32名。连他的母亲都怀疑他会不会真的是个笨孩子。

长大之后，巴尔扎克总算跌跌撞撞地成了大学法学系的一名学生。父母要求他一边上学一边到一家律师事务所锻炼当书记员，因为他的父母想让巴尔扎克做一名律师。

大学毕业之后，巴尔扎克做了两年的书记员工作。突然有一天，他将律师事务所的案卷文稿推到一边，拿出了有生以来第一次反抗的勇气，坚定地向众人宣布："我对当律师毫无兴趣，当一名作家才是我的梦想！"

巴尔扎克的父亲知道后，暴跳如雷，他吼道："你感兴趣的是什么？是文学！搞文学谈何容易，我看你也不是搞文学的料！"

"那不一定！"巴尔扎克摇摇头，十分自信地说，"一个人的成功，取决于他的信心和努力。"

"信心和努力？那好，从现在起，我给你两年的时间，如果搞不成文学，就得学习法律，你敢答应吗？"

"敢！"巴尔扎克回答得毫不犹豫。

事已至此，巴尔扎克没有任何退路了。于是，他跑到外面租了一间月租为五法郎的破屋做写作室，他还从家里搬过来一张木板床和一张遮上破碎皮革的小橡木桌及两把旧椅子。他自己动手给斑驳的墙糊上纸，还找了一个空瓶子做烛台。在这种艰苦的环境中，巴尔扎克开始了他的梦想之旅。

刚接触写作时，他不知道该从何入手。他先写了一本哲学著作，失败了；接着他又把精力转向历史古典剧。他不分昼夜地伏案写作,动辄三四天不出房门。冬天手冻麻木了也不离开桌子,他用旧毛毯盖住两只脚,用妹妹给的旧披肩围住肩头,继续写下去。闭门写作期间,他放弃了一切娱乐活动。没过多久,作品写出来了,然而又失败了。他还是不服输,于是动手改写历史小说,结果与先前没什么两样。一次次的失败不仅使巴尔扎克经受了接二连三的打击,也使父亲对他失去了原有的信心。

有一天,父亲跑来劝说儿子,让他回去工作,没想到巴尔扎克断然拒绝了父亲的提议。父亲暴怒之下,断绝了他的经济来源。此时的巴尔扎克,已经到了山穷水尽的地步。因为没有了父亲给的生活费,他只能四处向熟人借钱,但借来的钱是有限的。为了节省开支,有时他一天只能吃一小块面包。

巴尔扎克拼命地阅读许多世界文学名著来增长自己的知识和经验,广泛地接触社会和了解人生。图书馆和书店是他经常光顾的地方,总是来得最早,离开最晚。有一次,他在图书馆里翻阅资料,边看边记,忘记了时间。图书馆的工作人员下班时也忘记和巴尔扎克招呼一声。第二天早上,图书馆的工作人员来上班,发现了还在边看边记的巴尔扎克。读书和写作使巴尔扎克到了废寝忘食的地步。

巴尔扎克的生活就是一篇连续不断的工作故事,他自己说过:"我从来没有一次工作时间短于三个小时。"他每天花在写作上的时间有十几个小时。不受人打扰的大量时间正是巴尔扎克所需要的,因此从晚上一点开始才是他的工作时间。

一旦工作起来，巴尔扎克就完全沉浸在工作当中，直到写得手指痉挛才稍事休息，接着又写下去。用他自己的话说："我已经把生命投入到这个坩埚里，像炼金术士投入他的金子一样。"在一连工作五六个小时后，筋疲力尽的巴尔扎克与干最重的体力活的工人没什么两样，然而这并不意味着巴尔扎克工作的结束，每天他都要借助又浓又黑的咖啡，重新发动他生命的机器。为了能使自己的神经赶得上那种有增无减的紧张劳动，他把咖啡煮得愈来愈浓。

巴尔扎克对自己辛劳、紧张的生活是这样描述的："下午6点钟睡觉，半夜起床，然后一连16小时我都在埋头写作。当中只留一小时吃饭的时间。我发誓要获得自由，不欠债，哪怕是欠一文小钱，即使把我累死，我也要坚持不懈地干到底！"

终于，他的辛勤努力得到了肯定。1829年，《舒昂党人》一书出版，初步显示了一位伟大作家的才气。1831年，他发表了长篇小说《驴皮记》。从此巴尔扎克声震文坛，这时他仅仅30岁。

天才由勤奋铸造，人的天赋如同火花，但它可以熄灭，同样也可以熊熊燃烧。而迫使它继续燃烧的办法，只有勤奋这条路。

3

古罗马有两座圣殿：一座象征勤奋，另一座象征荣誉。若想到达荣誉的圣殿，必须要经过勤奋的圣殿，勤奋是通往荣誉的必经之路。也有人试图绕过勤奋的圣殿获得荣誉，但终被拒之门外。有一些人,有很好的天赋和理解能力,旁人都认为他们会取得成功,成为一个获得荣誉被世人称赞的名人。但是,这种人往往凭借自己的天赋而忽略勤奋,最终止步于荣誉的圣殿。而那些看似愚笨,无出头之日的人们,选择了笨鸟先飞和持之以恒,最后,顺利走进荣誉的殿堂,受到世人尊重。

其实,人生下来是一样的,都具备一样的大脑,一样的思维,在生命之初都没有表现出异于常人的特点。而有些人之所以能够取得令人羡慕的成绩,是因为他们明白:"勤"字成大事,"惰"字误人生。有了这样的意识, 他们也就有了成为天才的一种精神,再加上勤奋与努力,天才就在这大千世界找到了适合自己的位置。

人生是一个过程,重在拼搏,无论任何人,终点都是死亡,这是没有差别的。重要的是你的过程要怎样度过,若想每天都在享受中度过,那么最终定会因为之前的享受而懊悔。一开始就习惯于拼搏的人,最终会陶醉在这个过程中,到老时说不定还能写下一本厚厚的回忆录来记录自己精彩的人生。

据说哈佛大学的图书馆昼夜都开放,即便凌晨4点也会有很多人在那里学习。在他们看来,一生实在太过短暂,想要知道更多的真理,就需要付出更多的努力,利用每一分每一秒。没有人应该浑浑噩噩地过日子,所有人都应该为了更好的生活而奋斗,可以是物质生活,也可以是一种精神境界,无论是哪一种，都需要你遏制懒惰的因子，这样你才能为自己创造出一个别样的世界。

02.没伞的孩子，你更需要努力

有“伞”的孩子无疑是幸运的，没“伞”的孩子也没有必要为此沮丧，因为只要你愿意拼命“奔跑”，拥有更多的勇气与力量，一样可以获得自己人生的“大伞”。

1

一位大师让三个徒弟上山砍柴。临出门前，大师给大徒弟带上了一把伞，以防天气有变；给了二徒弟一根拐杖，告诉他山路不好走时可以用得上；而最小的徒弟却从师父那里什么也没有得到。

小徒弟不免伤心噘嘴，小声嘀咕说：“我最小，本该受到最多的照顾，可师父却这样对我……”

大师早就看出了小徒弟的心思，却含笑不语，只让三个徒弟赶紧上路。

傍晚时分,三个徒弟各自归来,都背回了两大捆柴。但大徒弟却被中午下的雨淋得浑身湿透;二徒弟跌得满身是伤;唯独小徒弟却安然无恙。

大师把三个人叫到了一起,三人见面后对彼此的结局都感到颇为诧异,不禁说出了各自的情况。拿伞的大徒弟说:"当天空开始飘起零星小雨时,我因为有伞,就大胆地在雨中走;可当雨下大的时候,我却没有地方也腾不出手来撑伞了,所以被淋湿了。但当我走在泥泞坎坷的路上时,我知道自己手里没有拐杖,所以走得非常仔细,专挑平稳的地方走,竟没摔一个跟头。"

接着,带着拐杖的二徒弟说:"我正因为自己带了拐杖,所以走到沟沟坎坎的地方时,便毫不在意,没想到竟常常摔倒。但是,当大雨来临的时候,我知道自己没带伞,所以尽量拣着那些能躲雨地方走,身上自然也就没有被淋湿。"

这时候,小徒弟似乎明白了师父的用意,有些激动地说:"我知道你们为什么拿伞的被淋湿了,带拐杖的跌伤了,而我却安然无恙的原因了!当大雨来时我躲着走,路不好走的地方我便格外小心,所以我既没淋湿也没有跌伤。"

大师仍然像刚出发时一样,慈爱地看着小徒弟,又转向大徒弟和二徒弟,对他们说:"你们的失误就在于,你们有了自认为可以依赖的优势,便觉得少了忧患。"

2

"你是一个没有雨伞的孩子，下雨的时候，人家可以撑着伞慢慢走，但是你必须奔跑……"是的，你只有努力奔跑，否则怎么办？

你不能躲起来等雨停，因为雨停了或许天就黑了，那时候你的路更难走；你没有办法等待雨伞，也没有人会给你送伞。所以，你只能选择奔跑，而且是努力奔跑，因为跑得越快，被淋得就越少。

有人说："我为什么要跑，难道跑到前面就没有雨了吗？既然是在雨中，我又为什么要浪费力气去跑呢？"是的，即使跑得再快，也会被淋湿，但这是一个态度问题。努力奔跑的人可能会得到更好的结果，那就是衣服只湿了一点点，并不影响继续穿，而且可以继续他的社会活动；而不愿意奔跑的人，被淋透的可能性是百分之百。这就是二者的不同——奔跑的人还有机会，不愿奔跑的人注定悲剧。

3

有一个年轻人，因为家贫没有读多少书，他去了城里，想找一份工作。可是，他发现城里没人看得起他，就在他决定离开那座城市时，他给当时很有名的银行家罗斯写了一封信，抱怨了命运对他的不公。就在他用完身上的最后一分钱，打包好行李准备离开旅馆那天，罗斯寄来了回信。信中，罗斯并没有对他的遭遇表示同情，而是在信里给他讲了一个故事：

"对于鱼类而言，鱼鳔掌控着鱼的生死存亡。鱼鳔产生的浮力，使鱼在静止状态时，能够自由控制身体处在某一水层。此外，鱼鳔还能使腹腔产生足够的空间，保护其内脏器官，避免水压过大而导致内脏受损。可是，在浩瀚的海洋里，有一种鱼却是惊世骇俗的异类，它天生就没有鳔！而且，更让人惊奇的是，它早在恐龙出现前3亿年前就已经存在于地球上，至今已超过4亿年，它在近1亿年来几乎没有发生任何改变。它就是被誉为"海洋霸主"的鲨鱼！英雄式的鲨鱼用自己的王者风范、强者之姿，创造了无鳔照样称霸海洋的神话。那么，究竟是什么让鲨鱼没有了鳔还能在水中活得游刃有余呢？经过科学家们的研究发现：由于鲨鱼没有鳔，一旦停下来，身子就会下沉，所以，它只能依靠肌肉的运动，永不停息地在水中游动，从而使其保持了强健的体魄，练就了一身超强的战斗力。"

最后，罗斯在信中说："这个城市就像一片浩瀚的海洋，而你现在就是一条没有鱼鳔的鱼。"

那晚，这个年轻人躺在床上，久久不能入睡，一直在想罗斯的话。于是，他改变了决定。

第二天，年轻人便请求旅馆的老板说，只要能给他一碗饭吃，他可以留下来当服务生，一分钱工资都不要。旅馆老板见到竟然有这么便宜的劳动力，就很高兴地收留了他。

10年后，这个年轻人拥有了令人羡慕的财富，并且娶了银行家罗斯的女儿,他就是石油大王——哈特。

除了努力之外,成功没有捷径可走。倘若放弃努力,改为苦苦追求成功的捷径,不但舍本求末,而且显得愚昧无知。试想一下,如果吃补品就能成功,那世上还会有庸人吗?

4

"上天对每一个人都是公平的。"这是人们常说的一句话,然而,从现实层面考虑,即便是公平,在很大程度上,并不是上天的赐予,而是取决于我们自身的拼搏。我们很多人在抱怨世界欠缺公平的时候,却不知道让我们处在这不公平境地的其实是我们自己,是我们自己欠缺了一份努力,少了一份拼搏的精神。事实上,只要我们肯努力,敢拼,即便是处在人生最不如意的境地之中,都能够绽放出自己人生的辉煌,得到自己想要的公平。

又到了一年一度交学费的时间,当父亲叹着气,颤抖着手将自己四处借来的4533元递到他手里的那一刻,他清楚地知道自己交完4100元的学杂费后,这学期属于他自由支配的费用就只剩下433元了。另一方面,他非常清楚,年迈的父亲已经竭尽全力,再也没办法给予他更多。

"爸,您就放心吧,我还有一双手,一双腿呢。"他压抑着辛酸,微笑着安慰完父亲,转身走向那条崎岖的山路。转身的刹那,泪水夺眶而出。脚上穿着那双半新的胶鞋,徒步走完120里的山路,再花费几十元钱坐车,最后来到他向往的大学。来到学校后,扣除车费,交上学杂费,他的手里只剩下很少的365块钱。5个月,300多块钱,这一学期应该如何支配才能度过呢?

看着身边那些玩着IPAD,身穿时尚品牌的同学来来往往,笑呵呵地冲着他打招呼,他也跟着笑,只是没有人知道,他的心里苦涩不已。他每天只吃两顿饭,每顿饭控制在5元钱,这是他为自己拟定的最低开销。可即便如此,也不足以维持到学期末。考虑再三,他一狠心,跑到手机店花费150元钱购买了一部旧手机,除了通话功能以外,就只有短信功能。

第二天,学校的各个宣传栏里便贴出了一张张手写的小广告:"你需要代理服务吗?如果你不想去买饭、打开水、交话费……请拨打电话告诉我,我将在最短的时间内为你服务。校内代理每次1元钱,校外1公里以内代理费为每次2元。"小广告一出,他的手机变成了最繁忙的"热线"。

他之所以如此,是因为刚到学校没多久,便发现了一个非常有趣的现象:校园里,尤其是大三大四的学生,"蜗居"一族日益增多。所谓"蜗居",实际上就是指一些家境较好的同学每天都缩在宿舍里看书或玩电脑,甚至连饭菜都不愿意下楼去打。而他是在大山里长大的孩子,坑洼不平的山路练就了他手脚的灵活性,奔跑是他的特长,上五楼六楼也就是瞬间的事儿。

当天下午,一位同学打来电话请他去校外的一家外卖快餐店,购买一份15元标准的快餐。他挂掉电话后,快速地去了。来回还不足十分钟。这也太快了！那位同学立马掏出20块钱，递给他，还说不必找了。他坚持找回3块。因为事先说好的，出校门，代理费只有2元。做生意嘛，不管大小都要讲诚信。后来就因为他的高效率与守信用，各个寝室只要有采购的事，总会第一个想到他。能有这样火爆的生意，的确在他的意料之外。有时一下课，手机一打开，里面就堆满了各种各样要他代理的信息。

一天下午，天空下着倾盆大雨，手机又一次响起，是一位女学生发来的短信。女生说，她需要一把雨伞，速度越快越好。接到这个信息，他一头扎进了大雨里。当被淋成"落汤鸡"的他将雨伞快速送到女生手上时，女生感动不已。随着他代理知名度的进一步提高，他的生意日益红火起来，只要顾客有需求，他总会为顾客提供最快捷优质的服务。一转眼，第一学期便在他不停地奔跑中结束了。

寒假回到家里时，老父亲还在为他的学杂费发愁，他却掏出1000块钱塞到年迈父亲的手中："爸爸，尽管您没有给我一个富裕的家庭，可你给了我一双擅长奔跑的双腿。凭着这双腿，我肯定能'跑'完大学，跑出个名堂出来！"

过年后，他没有再单兵作战，而是招募了几个家境不太好的朋友，为全校甚至外校的顾客担当代理。代理范围也日益扩大，慢慢地，从零零碎碎的生活用品发展到电脑配件或电子产品。这一学期奔跑下来，他不仅为自己购置了全新的电脑，在网络上拥有更加庞大的顾客群，还被一家大商场看中，担任起了校园总代理。

奔跑!奔跑!不停地奔跑!他就这样一路"跑"向了成功。大学四年,他不仅出色地完成了自己的学业,还获得了人生的"第一桶金"。他的名字叫作何家南,一个从大兴安岭深处"奔跑"出来的贫穷学生。

很多的时候,决定我们人生成就大小的,不在于我们是否拥有比他人不可比拟的优势,而是在于我们自己,在于我们是否有一颗不言放弃、敢于拼搏的心。

03.心中有方向,就请全力以赴

平庸与非凡的最大区别就是我们对自己要做的事有没有一个清晰的规划。我们的人生就像是一粒一粒的沙子,没有方向的人生,就如一盘散沙。

1

比塞尔是西撒哈拉沙漠中的一个著名景区,那里景色宜人,每年都有数以万计的旅游者来到那里，它是撒哈拉沙漠中一颗璀璨耀眼的明珠。

在比塞尔还没有被肯·莱文发现之前，那里封闭而落后。对于每一个比塞尔人来说，他们从来没有走出过这片沙漠，不是对这块贫瘠的土地有多留恋，而是经历过无数次尝试离开却都以失败告终，他们发现，要想走出去，无异于天方夜谭。

肯·莱文偶然来到比塞尔，得知比塞尔人世代都无法走出大漠，他感到有些不可思议。于是他雇了一个当地人，让他来带路，看是否真如传言所说的那样。

肯·莱文带了半个月的水，牵了两头骆驼，并没有使用指南针等科学设备，只是拄了一根木棍，跟在当地人的后面，开始了他们的探险。

过了整整十天，肯·莱文和他的向导走了1300公里的路程，在这期间，肯·莱文已经迷失了方向，到了第十一天，他们又回到了比塞尔。

通过这一次试验，肯·莱文终于明白了，比塞尔人之所以走不出去，是因为他们不会正确地识别方向。当他们在一望无垠的沙漠中行走的时候，只是单纯地凭着感觉往前走，这使得每一个想要走出沙漠的比塞尔人都不约而同地走出了大小不一的圆圈，他们的足迹像一把卷尺一样，最终还是回到了比塞尔。

比塞尔处在浩瀚沙漠的中间地带，方圆上千里内没有一个参照物，当地人没有指南针，也不认识北斗星，因此，想要单靠感觉走出这片沙漠,是绝对不可能的。

在离开比塞尔之前,肯·莱文告诉他雇佣的那个青年:白天休息,夜幕降临的时候,朝着北面的那颗星星的方向走,一定能走出这片沙漠。青年人照着肯·莱文说的做了,果然,在三天之后就成功走出了沙漠。这个青年人叫作阿古特尔,他是第一位走出比塞尔的当地人。因此,他被视为比塞尔的开拓者。小城的中央,阿古特尔的铜像被竖立在那里,铜像的底座上刻着一行字——新生活是从选定方向开始的。

2

如果说,我们眼前的人生是一片荒漠的话,那么目标无疑是人生道路上的那颗北斗星,它将引领我们脱离困境。虽说每个人都想要逃离荒漠,但并不是每个人都能够做到,智者会选择先观察、分析、思考,找出一个方向,然后向着这个方向一直走,最终,这样的人总能找到人生中的繁华。可有些人处于荒漠之中,却毫无方向地四处乱窜,这里找不到,就换一个方向,最终体力透支,被困在了荒漠之中……

后者显然是悲哀的,但世界上并不缺乏这样的人。他们想要脱离现状,却又不知从何入手,空有力气,却没有方向,最终四处碰壁,失去了闯荡的热情,也失去了对人生的信心。其实问题很简单,就是这个人没有找到目标,他不知道自己的终点在哪里,只是随波逐流，盲目浪费着自己的精力和时间，这样的人自然难以成功。

美国的一个著名科学家曾经进行过这样一项有趣的实验：他在两个玻璃瓶里各放进了五只苍蝇和五只蜜蜂，然后，将玻璃瓶的底部对着有光源的一方，而将开口朝向暗的一方。几个小时之后，科学家发现，那五只蜜蜂全部撞死了，而五只苍蝇早就在玻璃瓶后端找到了出路。一向勤劳、聪明的蜜蜂为什么找不到出口呢？经研究发现，蜜蜂通过经验认定有光源的地方才是出口，它们不停地重复这种"合乎逻辑"的行为。它们每次朝光源飞，都用尽了力量，被撞后还是不吸取教训，爬起来后继续撞向同一个地方。同伴们的牺牲并不能唤醒它们的觉悟，它们依旧朝那个有光源的方向拼命撞击，最终导致死亡。而那些苍蝇，由于对事物的逻辑毫不留意，全然不顾亮光的吸引，四处乱飞，在不断碰壁的过程中，它们找对了方向，结果苍蝇最终发现了那个正确的出口，并因此获得了自由和新生。

通往成功的路有千万条，关键就在于你怎样选择。当你经过深思熟虑知道自己想要什么，你也就有了明确的努力方向。如此一来，在朝着梦想努力的道路上，你就不会再跌跌撞撞，四处碰壁，剩下的，你只需付出努力即可。

3

李·艾柯卡在美国企业界绝对是一个光彩照人的企业明星。在美国，他的名声可一点都不比比尔·盖茨、沃伦·巴菲特这些举世瞩目的社会精英来得小。李·艾柯卡之所以能够达到这个高度，这跟他在开始奋斗前就有一个非常明确的奋斗目标是分不开的。

艾柯卡大学毕业后进入了福特汽车公司实习，成了福特公司的一名见习工程师。可是艾柯卡志不在此，他对整天同无生命的机器打交道的工作已感到索然无味。他想去做销售工作，因为他觉得搞技术晋升得实在是太慢了，只有做销售才有可能实现他在35岁前当上福特公司副总裁的宏伟目标。公司经不住艾柯卡的软磨硬泡，终于把他调到销售部门当了一名推销员。

由于艾柯卡的虚心好学，他很快就懂得了如何说服顾客，如何揣摩顾客的心思等推销员必备的本领。不久，由于业绩突出，他被提拔为宾夕法尼亚州威尔克斯巴勒地区的销售经理。几年后，艾柯卡又被提升为费城地区销售副经理，如果艾柯卡没有执意要改行做销售的话，恐怕到现在他还仍然是个小小的见习工程师呢。

这时，福特公司推出了他们最新款的56型车，为了扩大销量，艾柯卡推出了"56元换56型"的销售计划：顾客买一辆1956年型的福特新车，先付20%的钱款，以后每月付56美元，三年付清。

艾柯卡创造的这种最新颖的销售方式果然大受当地居民的欢迎,仅仅三个月不到,福特汽车在费城地区的销量竟然奇迹般地从原来的最后一名,一跃成为全美国第一名。

艾柯卡的分期付款销售模式得到了福特公司的高度重视,福特公司把这种分期付款的推销方法在全国各地推广后,公司的年销车量猛增了7.5万辆,艾柯卡也因此名声大振。不久,为了表彰艾柯卡的功绩,福特公司晋升他为整个华盛顿特区的销售经理。

几个月后,年仅32岁的艾柯卡又调到福特公司总部,担任卡车和小汽车两个销售部的部门经理。在总部,除了他为人所熟知的销售才能之外,他又显示出了非凡的管理才能,这使得他深得上司麦克纳马拉的赏识。四年后,麦克纳马拉升任总裁。艾柯卡接替了副总裁和福特分部的总经理职务,时年36岁。这比艾柯卡在刚刚进入福特公司时给自己立下的"35岁前当上福特公司副总裁"的奋斗目标,仅仅晚了一年。

艾柯卡能在36岁就当上福特公司的副总裁,这并不仅仅得益于他卓越的销售才能和管理才能,更是因为他从进入福特公司伊始,就为自己定下了一个奋斗的目标。虽然这个目标在绝大多数人看来就是天方夜谭,但正是由于这个目标对他的不断指引,才使得艾柯卡坚定地朝着一个方向不停地奋斗,并最终从一个小小的推销员扶摇直上成为福特公司副总裁。试想一下,如果他没有这样一个终极目标,那么他的人生将会怎样?命运不会给你成功,但会给你成功的机会,若是你连自己想要什么都不知道,那么这些机会对你毫无意义。

有人说,人生是一场漫无目的的旅行,但在我看来,人生是一场有规划的修行。如果我们没有办法规划我们的人生,那么我们极容易在众多选择中失去方向。在人生的道路上,只有有计划的人才能做到有的放矢,人生的结局才能优雅而完美。

4

生命是一条单行线,人的时间和精力也是有限的,在这条单行线上徘徊、迷茫、迂回的时间越长,生命消耗得就越快,为自己最想要的东西而奋斗的时间、精力就越少,因此我们必须要明确地了解自己想要什么,如果连自己一生想要的是什么都不知道,那还奢望能够得到什么呢?

如果你总是抱着一种走到哪里算哪里的心态,我想,你只会让自己生活在迷茫中,这种随遇而安的心态并不是豁达,恰恰是在困难面前怯懦的表现,你真正缺乏的是与生活搏击的勇气,害怕挑战,害怕失败,害怕归零,因此更多的时候选择了顺从。

你自己都不知道自己想要什么,命运又怎会给予你想要的东西呢?而当你知道自己想要什么,并为之努力,那么,世界就会为你让步。

因此,任何时候,你都要清楚自己要去哪里,要干什么,并坚定地朝着终点走去,这样你才会离自己的理想越来越近。

04.不求事事顺利,但求事事尽力

做人处事,你不能企望事事顺利,但可以做到事事尽力;你没有权力控制他人,但可以牢牢地把握自己;你没有辉煌的昨天,但可以拥有踏实的今天,更可以创造理想的明天。

1

每个人都渴望成功,每个人都渴望成为人中龙凤。若想要达到目标,就要付出几倍的努力。而在跃"龙门"的过程中,难免会遇到困难挫折和重重阻碍。人生遇到瓶颈时,只有全力以赴、专注目标才能更上一层楼,如果缺乏了这股韧劲,就只能止步于困难之前,一事无成。

我们的生活常常面对各种挑战——不熟悉的工作、压力极大的任务,这些很容易让我们产生焦虑和疲倦感。但有句话说得好:"人生就像拔萝卜,当这次你觉得特别吃力时,也许是因为这次的收获特别大。"所以,面对压力时别轻易放弃,要能够专注于目标,奋力拼搏,才能收获全新的天地。

在美国西雅图一所著名的教堂里,有一位德高望重的牧师——戴尔·泰勒。有一天,他向教会学校一个班的学生讲了一个故事:

有一年冬天,猎人带着猎狗去打猎。猎人一枪击中了一个兔子的后腿,受伤的兔子拼命地逃跑,猎狗在其后面穷追不舍。可是追了一阵子,兔子跑得越来越远了。猎狗知道追不上了,只好回到猎人身边。猎人气急败坏地说:"你真没用,连一只受伤的兔子都追不到!"

猎狗听了很不服气地辩解道:"我已经尽力而为了啊!"

兔子带着枪伤成功地逃生回家后,兄弟都围过来惊讶地问它:"那只猎狗很凶啊,你又带了伤,是怎么逃掉的呢?"

兔子说:"它是尽力而为,我是竭尽全力啊!它没追上我,最多挨一顿骂,而我若不竭尽全力地跑,可就没命了啊!"

泰勒牧师讲完故事后,又向全班郑重地承诺:"谁要是能背出《圣经·马太福音》中第五章到第七章的全部内容,我就邀请谁去西雅图的'大空针'高塔餐厅参加免费餐会。"

《圣经·马太福音》中第五章到第七章的全部内容有几万字,而且不押韵,要背诵其全文无疑有相当大的难度。尽管参加免费餐会是许多学生梦寐以求的事情，但是几乎所有的人都浅尝辄止，望而却步了。

几天后，班上一个11岁的男孩，胸有成竹地站在泰勒牧师的面前，从头到尾按要求背了下来，竟然一字不差，没有一点的差错，到了最后，简直成了声情并茂的朗诵。

泰勒牧师比谁都更清楚，就是成年信徒中，能够背诵这些内容的人也是罕见的，何况是一个孩子。泰勒牧师在赞叹男孩那惊人记忆力的同时，不禁好奇地问道："你为什么能背下这么长的文字呢？"

男孩不假思索地说："我竭尽全力！"

16年后，那个男孩成了世界著名软件公司的老板，他就是比尔·盖茨。

无论是谁，如果不趁年富力强的黄金时代去养成自己善于集中精力的好性格，那么他以后一定不会有什么大成就。世界上最大的浪费，就是把一个人宝贵的精力无谓地分散到许多不同的事情上。一个人的时间有限、能力有限、资源有限，想要样样都精、门门都通，绝不可能办到。如果你想在某一个方面做出什么成就，就一定要牢记这条法则。

2

我们在平常的生活中面对的选择实在太多，不专注就会分散我们的精力,一旦没办法好好专注地做这件事,那么成功的概率就会大大降低。世事纷扰,大多数人每天忙个不停,但通常我们的工作十有八九是因为某一件事被人记住的,所以我们更应该慎重地选择自己真正有兴趣的项目,把心定下来,专注地去做,把我们所有的智慧和才干都发挥出来,结果会比我们漫无目的地忙活好得多。

想做成一件事情,三心二意、心猿意马是最大的绊脚石。人与人相比,聪明的程度相差不是很大,但如果专心的程度不同,取得的成绩就大不一样。凡是做事专心的人,往往成绩卓著;而时时分心的人,终究得不到满意的结果。

有人问爱迪生说:"成功的第一要素是什么?"爱迪生回答说:"能够将身体和心智方面的能量都运用在同一个问题上,并且能够坚持不懈地去做。我们每天都在做事情,如果从早上的七点开始的话,那么到晚上的11点睡觉,总共有整整16个小时,对于很多人来说,他们在这段时间里做了很多事情,但是我只做了一件事情。如果他们能够将这些时间用在一件事情上,那么他们就能够取得一定的成功。"

做任何事情的时候都要做到一心一意,这其实就是爱迪生成功的秘诀。其实一个人选择得越多,那么他的精力也就越分散,自然无法全身心地投入到一件事情中。成功不需要有很多的目标,只要选定你想做的一件事情,然后专注于此,并且努力做下去,不管这件事情有多么的不容易,结果肯定会达到你的预期。

3

哈里在美国海岸警卫队服役的时候就爱上了创作,但不知为什么,他总是写不出让人满意的作品。哈里认为,他必须先有了灵感才能写作。所以,他每天都必须等"情绪来了",才能坐在打字机前开始工作。

不言而喻,要具备这个理想的条件并不容易,因此,哈里很难感到有创作的欲望和灵感,这使他的情绪更为不振,也越发写不出好的作品。每当哈里想要写作的时候,他的脑子就变得一片空白,这种情况使他感到害怕。

为了避免瞪着白纸发呆,他干脆离开打字机,去收拾花园。把写作暂时忘掉,他心里马上就好受些。他也会用打扫卫生间,或者去刮刮胡子这些办法来摆脱这种心境。

但是,对于哈里来说,这些做法还是没办法帮助他在白纸上写出文章来。后来,他偶尔听了作家奥茨传授的经验,深受启发。奥茨说:"对于'情绪'这种东西,你千万不能依赖它,从一定意义上来说,写作本身也可以产生情绪。有时,我感到疲惫不堪、精神全无,连五分钟也坚持不住了,但我仍然强迫自己写下去,而且不知不觉的,在写作的过程中,情况完全变了样。"

哈里认识到,要实现一个目标,你必须待在能够实现目标的地方才行。要想写作,就非在打字机前坐下来不可,在卫生间或花园里,永远都写不出什么文字。

经过冷静的思考,哈里决定马上行动起来。他制订了一个计划,把起床的闹钟定在每天早晨七点半,到了八点钟,他便可以坐在打字机前,他的任务就是坐在那里,一直坐到他在纸上写出东西为止。如果写不出来,哪怕坐一整天,也绝不动摇。他还订了一个奖惩办法:每天写完一页纸才能吃早饭。

第一天,哈里忧心忡忡,直到下午两点钟他才打完一页纸。第二天,哈里有了很大进步,坐在打字机前不到两小时,就打完了一页纸,较早地吃上了早饭。第三天,他很快就打完了一页纸,接着又连续打了五页纸,这才想起吃早饭的事情。

绕过了长达12年的努力,他的作品终于问世了。这本仅在美国就发行了160万册精装本和370万册平装本的长篇小说,就是我们今天读到的经典名著——《根》,哈里因此获得了美国著名的"普利策奖"。

人都有明天,但是每个人也都有今天。如果今天你都没有做好,那么期待明天又有什么用呢?或许明天到来之后情况会更糟糕。我们需要专注于眼前的事情,先将这些事情做好,然后再去谋求更大的发展。

05.把时光"浪费"在最重要的事情上

人在年轻的时候，拥有足够多的时间去创造无数种可能，还可以为自己将来的辉煌奠定基础。所以，一个人的青春时光决定着他后半生的命运，从而使其显得弥足珍贵，容不得将其浪费在那些琐碎、无聊的事情上。

1

一天又一天，不论我们在做什么，时间总是流淌不止，可是，只有那些我们用来做有价值的事情的时间，才是真正属于我们的时间。

人生几十年，看似漫长，实则转瞬即逝。那么，这有限的生命该怎样度过，在我们走向人生终点的时候才不悔此生呢？

有一天，一个旅行者路过一片树林时，他发现树林中散落着一些白色的石头。于是，他随手捡起了一块，发现上面写着"阿布杜尔塔艾格，活了8年6个月零3天"。看到这里，旅行者心头一颤，原来这是一块墓碑，而这个孩子才活了8年就夭折了，太令人痛心了。他接着又拿起另一块石头,发现上面写着"活了4年8个月零9天"。旅行者感到惊讶。他又继续看了更多的墓碑,发现时间最长也只有11年。"他们的生命真是太短暂了!"这个旅行者忍不住哭了起来。

也许是听到了他的哭声,一位老人走了过来。旅行者问老人:"这里到底发生了什么事情?为什么这些孩子小小年纪便夭折了?"

老人笑着说:"别害怕,这些墓碑上刻着的不是孩子的寿命。这一切都源于我们这里的一个古老习俗。"老人继续解释说:"在我们这里有一个习俗,当一个人长大到15岁时,父母就会给他一个本子,从这一天开始,每当他去做有价值的事情,比如帮助别人、为梦想努力学习等,他就要把做这些事情的持续时间记下来,当他去世的时候,我们就会把他所有花费在有价值的事情上的时间加起来,刻在他的墓碑上。"

旅行者听完,恍然大悟。

这个故事的寓意很明确,一天又一天,不论我们在做什么,时间总是流淌不止。可是,只有那些我们用来做有价值的事情的时间,才是真正属于我们的时间。

2

心理学中有一个著名的定律,叫作"不值得定律"。心理学家对人在从事一种工作时的心理效应进行研究后发现,在大多数情况下，如果一个人主观上认定某件事是不值得做的，那么在做这件事的时候，他就不会全力以赴地把它做好，即使做好了，他也不会觉得有成就感。所以，人们通常会认为："不值得做的事情，就不值得做好。"

但是，"这些不值得做好"的事情，也在占用我们宝贵的时间和资源，对它们敷衍和马虎的态度并不会减少我们在时间和资源方面的消耗。如此一来，不仅宝贵的时间和资源白白浪费了，其结果也会令自己和别人不满意。那么最好的解决方案就是，放弃那些你认为不值得做的事情，去做最值得你期待的事。

帕瓦罗蒂曾是世界著名的男高音歌唱家，被世人称作"高音C之王"。他被公认为是声音最具自然美感的演唱家，几乎每次演唱会的唱片销量都会超过猫王和滚石乐队唱片的最高销量。他那首《我的太阳》在中国也是家喻户晓。

在成为男高音歌唱家之前，帕瓦罗蒂曾经做过小学教师。关于他很多版本的故事都说他在教师和演唱之间难以取舍，在父亲的启发下才放弃了"脚踏两只船"的情况，选择了歌唱。然而，实际的情况并非如此。

帕瓦罗蒂曾坦承，小学教师的经历是他的噩梦，"我无法在学生面前显示出自己必要的权威"。

他之所以做不好小学教师这份工作，是因为这份工作在他看来并不值得去做好，这份职业不会给他值得期待的未来。在帕瓦罗蒂心里，当歌唱家才是他值得做的事情。从17岁开始，他就在为成为歌唱家而努力。在当老师的同时,他还在跟歌唱家阿里哥·波拉学习唱歌,为了能引起经纪人的注意,他也在各种免费的音乐会上演唱。放弃小学老师这一职位,并不是他在两条船里选择了一条,而是主动放弃了一项他认为不值得做的事情,从此可以专心致志地朝梦想努力。

有趣的是,帕瓦罗蒂自认为无法在小学生面前面建立权威,然而多年以后,在英国海德公园举办的露天演唱会上,他却能让12万名观众在滂沱大雨中看完他的全场演出,其中还包括查尔斯王子和戴安娜王妃。

人的能力和可以调用的资源都是有限的,即使智力最高和最有权力的人也是一样。把有限的力量集中起来,做好最重要的事,才是一种明智的人生策略。那些不值得做的事,会让我们消耗无数时间和精力,但得到的回报却少得可怜,如果你能为做了这些事而有些许的自我安慰和虚幻的自我满足,那已经是难得的"收获"了。然而事实却是,这些不值得做的事,最终会让我们为耗费在它们身上的大好时光而追悔莫及。对于我们心理上认为值得做的事和值得期待的结果,我们的态度就会截然不同。我们不仅会全身心地投入,不计得失,甚至还不畏惧死亡。

对于什么样的事是值得做的事,这世上是没有统一的标准的。有人追求事业的成功,有人追求家庭的幸福,有人追求未来的福祉,无论哪一样,做自己认为值得做的事,从来没有人为此而后悔。

3

人在年轻的时候,拥有足够多的时间去创造无数种可能,还可以为自己将来的辉煌奠定基础。所以,一个人的青春时光决定着他后半生的命运,从而使其显得弥足珍贵,容不得将其浪费在那些琐碎、无聊的事情上。也许,有人会说,人生并不一定在年轻时就被决定了。我可以等到三四十岁,心智和人生经验都成熟的时候再去创建事业。的确,没有人能否认这种可能性。但一般来说,三四十岁正是你人生中最脆弱的时候,若无意外,你已经有了家庭,需要养家糊口,而你的体力和精力却都在走下坡路。这时候,你已经不可能像年轻时那样独自一人毫无牵挂地奋力拼搏,因此很难有出色的成绩。人生中最重要的难题还是放在人生体力和精力最好的时期去解决比较好。

有一位作家应邀参加笔会,坐在她身边的是一位来自匈牙利的年轻男作家。她衣着简朴,沉默寡言,态度谦虚。男作家不知道她是谁,认为她只不过是一名不入流的作家而已,于是有了一种居高临下的心态。

"请问小姐,你是专业作者吗?"

"是的,先生。"

"那么,你有什么大作发表吗?能否让我拜读一两部?"

"我只是写写小说而已,谈不上什么大作。"

男作家更加确信自己的判断了。他说:"你也是写小说的?那我们算是同行了,我已经出版了339部小说,请问你出版了几部?"

"我只写了一部。"

男作家有些鄙夷地问:"噢,你只写了一部小说。那么,你能否告诉我这本小说叫什么名字吗?"

"《飘》。"女作家平静地说。狂妄的男作家顿时目瞪口呆。

那位女士就是玛格丽特·米切尔,一生中只发表了《飘》这部长篇巨著。她从1926年开始着力创作《飘》,10年之后,作品问世,一出版就引起了强烈的反响——它被译成18种文字,传遍全球,至今畅销不衰。《飘》在1937年获普利策奖。1938年拍成电影,该电影曾以《乱世佳人》的译名在我国上映。

而这则典故中那个自鸣得意的小作家连同他的几百篇小说恐怕早被淹没在历史滚滚的浪潮中,被冲逝得无影无踪了。

玛格丽特·米切尔的父亲曾经给予女儿这样的忠告:"每一件事都要认真地做到最好。人生不一定要做很多事情,但是,至少要做好一件事情,因为质量远比数量来得重要。"

玛格丽特·米切尔听从了父亲的忠告,把人生的"一件事"做得彻底,做到了极致,做到了完美,取得了惊世的成就。

著名心理学家加利·巴福博士曾经说过:"再也没有比即将失去更能激励我们珍惜现有生活的了。一旦觉察到我们的时间有限,就不再会愿意过原来的那种日子,而想活出真正的自己。这就意味着我们转向了曾经梦想的目标,修复或是结束一种关系,将一种新的意义带入我们的生活。"当你意识到时间的宝贵,你就应该懂得如何将时间"浪费"在最重要的事情上。

　　每个人一生的梦想和欲望都有很多,你要在懂得选择的同时,学会放弃一些,如果你能够认真区分并减去那些并不是很重要的事情,从而一生专注于去实现一个目标,那么,你的人生之路将会变得清晰而简单,你会加速自己成功的步伐,创造生命的奇迹。

Part 3

即便星光再微弱，也能照亮前行的路

◆◆◆◆

生活在前行。它之所以前进，是因为有希望在；没了希望，绝望就会把生命毁掉。我们要想过上满意的生活，需要破除内心封印，敲开希望之门，为自己的梦想轰轰烈烈地活着。

01.因为你能,世界便不好意思拒绝你

不管你的天赋怎样高,能力怎样大,知识水平怎样高,你在事业上的成就,总不会高过你的自信。正如一句名言所说:"他能够,是因为他认为自己能够;他不能够,是因为他认为自己不能够。"

1

在美国密歇根州一所山村小学里,一天,一位老师给同学们上了一堂特殊之课,老师要求全班每个同学都以"我不能……"开头,列举出自己认为做不到的事情,比如"我不能考到满分""我不能让人人都喜欢我""我不能在运动会上夺得冠军",等等……而她也和同学们一样在纸上罗列出自己认为做不到的事情。

半节课过去了,很多同学都写了不少的"我不能",更有同学几乎已经写满了两张纸。这时老师要求大家把写好的纸条对折后投进讲台前的一个事先准备好的空鞋盒里。学生们相继投完纸条后,老师也把自己的纸条投了进去。然后,她拿着盒子,带领全班同学来到操场。随后她在操场的角落里挖了一个洞,学生们

对老师的举动好奇不已，只见老师把那个盒子深深地埋进了那个"墓穴"里。

这时老师注视着在这块"墓地"四周的学生们说："孩子们，现在请你们手拉手,低头默哀。"

有些孩子恍然大悟，开始明白了老师的用意,于是学生们很快便手手相连，围绕"墓地"成一个圆圈，都低着头，只听老师沉重地说道："朋友们，今天是'我不能'先生的葬礼,在此我很荣幸能够邀请到各位前来参加。这位曾与我们朝夕相伴的'我不能'先生在世的时候，对我们每个人的生活都有影响和改变,有时他的影响之大远超任何人。从今天开始，'我不能'先生将长眠于此，希望您能够安息。同时，我们希望您的兄弟姐妹'我能行''我愿意''我最棒'等能够继承您的事业,陪伴我们左右。最后祝愿'我不能'先生安息,也希望我们每一个人都能够精神抖擞，勇往直前！阿门！"

接下来,老师又把学生们带回教室。当他们一起吃着饼干、喝着果汁，欢庆越过了"我不能"这个心坎时,老师又做了一个纸墓碑,上面写着："'我不能'先生安息吧",并在底端写上了这一天的日期。这个纸墓碑就被老师悬挂在教室里,时刻提醒着大家已经没有"我不能……"了。

如果你认为自己是一个无能的人,结果你就真的无能;如果你认为自己能力非凡，结果常常就能成就一番事业。说自己行的人，他的潜意识会把成功的信念，转化为行动;说自己不行的人，他的潜意识也会把自卑的念头变成失败的行动。积极的信念会使人大步向前迈进,而消极的信念则会毁掉人的一生。

2

一个人只有相信自己,才能感受到生活的快乐,才能不断地挖掘自身的潜力,从而更容易取得成功。如果一个人缺乏自信,是很容易自卑的。相反,一个人如果对自己充满了信心,那么在他面前就不会有过不去的难关,因为他相信自己的能力,在做事的时候,他可以全身心地投入,而不会因为自卑变得畏首畏尾。这是一种超越自我的表现,同时也是对自己的信任。

相信你做得到,你一定会做到。

如果一个人不能对自己做出正确且合理的评价,那么他很可能会在预算中摔一个大跟头,他起初的自信心也会在失败中一点点地消磨掉。自信既是一种对自我能力的肯定,也是一种自我审视。

很多人也会去审视自己,可最后仍然没有信心,反而变得自卑起来,感觉自己做什么都做不好。这是很不幸的一件事,因为每个人都有自己的优势,一个人需要看到自己的优势,通过自己的优势来建立信心,而不是只看到自己的缺点,那样只会跟目标背道而驰。

自信,能够让我们感觉到自己能力的强大,让我们的身心都充满活力。我们肯定了自己的优点,并在心中反复暗示自己可以时,就等于挖掘了内心深处的力量,这种力量能够让我们发挥出巨大的潜力,为后来的成功打下基础。

3

如果一个人总是因为不自信而推脱,那以后谁都没有信心把事情交给你,你也会因此而失去更多的机会。

想要成为一个自信的人,言谈举止就要注意。首先说话要有底气,声音不能太小,也不能太大,否则会给人一种虚张声势的感觉。语速要适中,要抬头挺胸,这样才可以让别人从话语中感受到你的自信。

还要把你所说的“我不行”换成“我可以”,把“我一定做不好”换成“没问题,这个很简单,我来做好它”。这个时候你的人格魅力就会有一个大的提升,你的个人气质也会有所不同。

1900年7月,在浩渺无边的大西洋上,海风怒吼,巨浪滔天,暴风雨中,一艘小船一会儿冲上浪尖,一会儿跌入波谷,恶劣的天气和狂风巨浪似乎要将它撕个粉碎。驾驶这艘小舟的是位金发碧眼的年轻人,名叫林德曼,他是一位德国医学博士。无情的大海曾经吞噬过无数条鲜活的生命,为什么他要孤身一人在如此恶劣的天气里进行这样危险的航行?

林德曼在德国从事的是精神病学研究,出于对这份职业的执着，他正在以自己的生命为代价，进行一项亘古未有的心理学实验。

　　林德曼博士在医疗实践中发现，许多人之所以成为精神病患者，主要是因为他们感情脆弱，缺乏坚强的意志，心理承受能力差，经受不住失败和困难的考验，最终失去了对自己的信心。有些看上去体格非常健壮的人，后来却因为承受不住心理的压力而精神崩溃。林德曼认为：一个人保持身心健康的关键，是要永远自信！

　　当时，德国举国上下正在掀起一场独舟横渡大西洋的探险热潮，全国先后有100多位勇士驾舟横渡大西洋，但均遭失败，无一生还。消息传来，舆论界一片哗然，认为这项活动纯属冒险，它超过了人体承受能力的极限，是极其残酷的"自杀"行为。

　　林德曼却不这么认为。通过对这些勇士遇难情况的认真分析，他认为这些遇难的人首先不是从肉体上败下阵来的，而主要死于精神上的崩溃，比如绝望和恐惧。

　　林德曼的观点遭到了舆论的质疑：探险勇士难道还不够自信？为了验证自己的观点，林德曼不顾亲人和朋友的坚决反对，决定亲自做一次横渡大西洋的试验。

　　在航行中，林德曼遇到了许多难以想象的困难。在漫漫的航程中，孤独、寂寞、疾病，都在消耗着他的体力和意志。特别是在航行的最后18天中，他遇上了强大的季风，小船的桅杆折断了，船舷被海浪打裂了，船舱进了水。林德曼必须把舵把紧紧地捆在腰上，腾出手来拼命地往外舀船舱里的水。

在和滔天巨浪搏斗的整整三天三夜中,他没有吃一粒米,没有合一下眼。那场面真是惊心动魄,九死一生。多少次他感到坚持不住了,眼前甚至出现了幻觉,准备放弃的时候,他就狠狠地掐自己的胳膊,用疼痛激励自己:"林德曼,你不是懦夫,你不会葬身大海,你一定会成功的!再坚持一天,就是胜利的彼岸。"

"我一定会成功!"林德曼在心中反复呼喊着这几个字。生的希望支撑着林德曼,最后他终于成功了。

"100多人都失败了,我为什么能成功呢?"他说,"我一直坚信自己能成功。即使在最困难的时候,我也以此自励!这个信念已经和我身体的每一个细胞融为一体。"

在漫漫的人生路上,我们只有肯定自己的价值,才能散发出钻石般耀眼的光芒,才能够跨过人生的每一道坎,摆脱掉每一个困境。

4

生活在别人的眼光里,就很难找到属于自己的路。一个人不论是什么样,在他身上总会有闪光点。这闪光点一旦被激发,即便是最卑微的生命,也能散发出耀眼的光芒。

在现实生活中,我们每个人或多或少都存在自卑的一面。但是自卑并不可怕,可怕的是沉浸在自卑当中丧失了追求成功的勇气。

有自卑心理的人总是用别人的眼光来过低地评论和挑剔自己，把自己限制在一个劣于他人的境地，认为自己与世间那些美好的事物无缘，给自己设置一连串的"不可能"：不可能像别人那样出色，不可能有那么大的作为，不可能取得那样大的成功……总认为自己渺小，做事情很难做到胸有成竹。其实，这个世界上，在你周围的人群中，比你强的人并没有你想象得那么多。

请记住，任何人都有自卑的时候，但不能因自卑而影响自己的生活，我们可以过更好的生活。我们不应让自卑感作祟而使自己觉得难堪，我们应该好好地发挥自卑感原有的作用，合理地利用它，将自卑化为你前进的动力。虽然起初不大有把握，可是终有一天我们将不再受它的驱使，使人生变得更精彩而丰富。

02.生活扇你一巴掌,总有一天会扇回去的

人生，最可怕的不是一无所有，只要对未来的生活充满美好憧憬并为之执着努力，你就会发现，生活的馈赠如此丰厚。

1

他生下来就没有四肢,却用自己独特的方式彰显了生命的意义。

他在很小的时候就饱受嘲笑,甚至想结束自己的生命,但是他选择了活着;他突破了身体的极限,创造了一个又一个奇迹;他的脸上永远挂着阳光般的微笑,让人如沐春风。

他立志成为一名演说家,用自己的经历去激励每一个人;

他自始至终怀着一颗感恩的心去回馈这个世界,用爱去温暖每个人的心灵;

他的人生信条就是——永不止步!他就是不断创造奇迹的尼克·胡哲。

尼克·胡哲生于澳大利亚墨尔本的一个普通家庭,他出生时就没有四肢,只有一只长着两根脚趾的小脚,他妹妹戏称它为"小鸡腿",然而,令人惊讶的是,他庆幸自己可以拥有"小鸡腿"。

尼克的父母并没有因为他的残疾而放弃他,而是不断激励他、帮助他。

在上学的过程中,尼克也受到了别人的嘲笑:"你这也不能做,那也不能做,像你这样的人,有谁会愿意和你交朋友呢?"很多时候,尼克自己也觉得自己永远不会被人喜爱和接纳,他多么希望自己能够和别人一样在足球场上踢足球,骑脚踏车,玩滑板等,但是这些都是无法实现的。他开始不停地问自己:"为什么而活着?活着就只是为了等待死亡吗?生命不是有目标的吗?"对于这些问题他没有答案。在尼克10岁那年,他曾三次试图把自己溺死在浴缸里,但是都没能成功。从这之后,尼克在父母的鼓励和悉心照顾下,放弃了轻生的想法,选择活着。

不难想象,尼克在成长的过程中遇到了无数的困难。正常人很轻易就能做到的诸如刷牙、洗头、写字、打电脑、游泳、做运动等生活中的小事,对于他来说都是那么的困难,但他总是想尽办法克服困难,哪怕付出比常人更多的代价。经过长期的训练,他用那只只有两根脚趾的小脚不仅找到了平衡感,还让他完成了一个又一个奇迹。

尼克凭借永不放弃的精神和执着的信念,于2003年大学毕业并获得了会计与财务规划双学位。因为他的勇敢和坚忍,2005年他被授予"澳大利亚年度杰出青年"的称号。

从他的成功经历我们不难看出,人生很多时候就像尼克说的那样,"人生最可悲的并非失去四肢,而是没有生存的希望及目标!人们经常埋怨什么也做不了,但如果我们只记挂着想拥有或欠缺的东西,而不去珍惜所拥有的,那根本改变不了问题。真正能改变命运的,并不是我们的机遇,而是我们的态度。"尼克不仅做到了,而且完成得非常出色。

立志成为一名演说家也是尼克的一个奋斗目标,他想用自己的经历去影响更多的人。

但是,他的这一想法遭到了父母的反对,他也尝试着给学校打电话,努力推销自己的演讲,但是都被拒绝了。当他被拒绝了52次之后,他获得了一次演讲的机会,尽管演讲时间只有5分钟,酬劳只有50美元。但是,这意味着他的演讲生涯已经拉开了帷幕。

自从17岁开始第一次充满激情的演讲之后,截止到2016年,他已经在全球30个国家和地区发表过超过1500场的演讲,每年要接到超过3万个来自世界各地的邀请。在他的每一次演讲中,他都会告诉别人自己是怎样克服困难完成一个又一个人生目标的,又是怎样用积极、乐观的态度去迎接精彩的生活。尼克幽默和极具感染力的演讲总是那么容易令人感动,他那传奇的人生经历和永不放弃的精神给人以极大的鼓励。

人生就是一盘棋,与你对弈的是命运。即使命运在棋盘上占尽优势,你也不要推盘认输,而要笑着面对,坚持与命运对弈下去,因为人生往往会在坚持中发生转机。

2

厄运往往是另一种命运的起点,一味埋怨,厄运也不会成为幸运。不去计较厄运,它才有可能成就新的命运。

从来不会有人祈祷让厄运降临到自己的头上,每个人都在寻求生命的价值和自身的发展,期望得到幸福和快乐,可以说这

是任何一个人一生的追求。然而，不幸的是我们避之犹恐不及的
厄运却往往不请自来，一下就把我们陷于困境甚至绝境之中，看
不到希望，看不到光明，我们仿佛只是一个生命的影子。

再晴朗的天空都会有乌云的降临，人一生中终究要经历一
段或长或短的黑暗。尽管每个人在做事情的时候都盼望能一帆
风顺，而真正让他们成长并走向成功的，是冲破黑暗时的勇气和
信心，这才是他们人生中最宝贵的财富。因此，无论面对的是怎
样的黑暗，我们都要心存希望，要有战胜黑暗的决心。

3

约翰·布伦迪被他的朋友们称作"马拉松人"，这是众人皆知
的事实。

1973年6月6日，约翰照惯例做20分钟的晨跑运动，然而他没
料到的是，这次晨跑成了他一生中的最后一次跑步。

那天早上跑完步以后，约翰依旧去了工地，他和另外三人一
同在屋顶上工作。天气非常炎热，工作也很艰苦，这时监工叫约
翰拿一样工具给他，约翰便挪动双脚，不料房顶水泥尚未凝固，
他就头朝下坠落下去了。

事后他回忆说：

那时候我听到很多杂音和背骨折碎的声音……

现在想起来真是害怕，我整个身体一直往下掉，整个人就像

饼干一样,那一瞬间我发现脚一点知觉都没有。数秒之后,恐怖、愤怒、绝望一一向我袭来,我很想站起来,可是心有余而力不足,能听从脑袋指挥的只有头部。好像有人在上面说:"唉哟!约翰掉下去了。"我心中不断期望,也不断诅咒。我把头转向左边,看到十公分远的地方有穿着鞋子的双脚,脚尖就在眼前,好像是我的脚,可是怎么会在这里呢?

那一刻,我真的好害怕。

好像又有人把我的头抬起,放在像枕头之类的东西上,其实我不觉得痛苦,后来激烈的阵痛不断侵袭我,痛得我几乎想死去,整个头好像被一根绳子吊起来,稍微动一动就痛苦不堪。

我猜想如果绳子断了,我的头是不是会扭转不停呢?很奇妙的想法,是不是? 我一直努力使自己保持清醒。

急救人员很快就到了,他们把我抬到担架上,因为痛苦的关系,我非常害怕别人移动我的身体,毕竟是专业的急救人员,他们一面鼓励我,一面尽可能减轻我的痛苦,使我大为放心。我被抬到救护车中以后,觉得舒服了一点,可能是心理作用吧! 我认为马上就要到医院去治疗,情况不会太严重的。

一到医院,神经外科医生表示要照光,将我放在台上,双手双脚呈八字形分开,为了配合角度,医生不时摆动我的头,一种从未有的痛苦侵袭着我,真的,从未有的。

过了一会儿, 医生确定我的头骨断了, 这不是一个好消息,我在孩提时代,就听过头骨折断的故事,没想到如今却发生在我身上。

我开始向上帝祈求，请它赐予我力量，不要发生任何不幸的事。

漫漫长夜，恐惧和不安侵袭着我，我不断地回想当天发生的事，思绪愈来愈乱，就这样痛苦地度过了黑夜。

在受伤昏迷过程中，我想起坐在轮椅上的总统——罗斯福说过的一句话"我们唯一感到恐惧的就是恐惧本身，这种难以名状、失去理智和毫无道理的恐惧，麻痹人的意志，使人们不去进行必要的努力，它把人转退为进所需的种种努力化为泡影。应该恐惧的是本身。"

从那以后，我变成一个思想积极的人，我问自己："受伤对我有什么意义呢？"我不断地思考，告诉自己："我将来一定会了解的，现在必须想办法活下去！我一定要努力！"

我真正的奋斗，从现在开始。

醒来时，我发现头部两侧的针头已经被取出来，原来我还在医院里。当时我想：只要安静下来，痛苦会逐渐减轻。

令我惊讶的是，我全身竟被白布包裹得像木乃伊一样，一点知觉都没有。周围都是医疗用的机器，身旁的护士，都在忙着各自的事情，在我的眼中，她们是无所不能的神。

我从来没有进过医院，所以对周围的一切都很陌生。

几个礼拜之后，约翰的伤势被认定为终生无法痊愈，可是他依旧充满希望，专心致志地接受治疗，因为他坚信他的脊椎可以痊愈,奇迹一定会出现。

有一次,他听到护士指着他房间的方向对助手说:"四肢麻痹就是像他那个样子。"

简单的一句话揭开了真相。约翰从来没有见过四肢麻痹的人,也没有想过自己会变成这个样子。原来他是一个年轻又健康的丈夫和父亲,可是现在从头部以下全部麻痹,形同废人。

即使如此,约翰仍然决定活下去,虽然痛苦不曾减轻,可是他活得比谁都坚强。

他又说:"我之所以决心生存下来,是因为有三位老师给了我勇气,这三位老师是:愿望、献身、决意。我想活下去,想治好病,想知道自己究竟还能做什么事。我有这些愿望在心里,我为此而奋斗,并相信有一天我可以取得胜利,所以永不灰心。"

如今约翰已经在轮椅上度过了11年,他实在太伟大了。

他的心中没有仇恨,没有苦恼,也没有憎恨。他认为如果相信命运或憎恨别人,对自己并没有好处。相反,他觉得应该爱护他人,即使自己的身体受到伤害,但是自己的心理却很正常。

事实上,约翰证明了一件事,那就是真正的残疾是那些身体毫无缺陷、心理上却充满障碍的人。

约翰一直这样告诉自己:受伤是不可避免的。他认为那次事故只是一生的转折点,自己应该下定决心努力,这种想法是既健康又正确的。约翰总是这么勉励自己,他并不把自己当成受害者,只是很自然地接受这个安排而已。

当约翰坐电动轮椅进入超级市场，或通过马路时，轮椅不断发出的声音会引起许多小朋友的注意，他们有的在嘲笑，有的一脸迷惑，也有的说："蛮不错嘛!"像是很羡慕的样子。遇到这种情形，约翰会扮各种鬼脸逗孩子们发笑。但是他并不是整天和小孩玩，他还经营着自己的中介公司，给有需要的人家介绍保姆。

另外，他还在一家教会里，做"新希望电话商谈中心"之类的服务，他对人生充满希望，非常乐意帮助那些失意的人找到希望。

约翰胜利了，因为他能生存下去，他曾说过："艰苦的日子总有结束的时候，心中充满希望，并能继续为生活而努力的人，才能享有新生命。"

约翰是努力把厄运视为命运重新开始的人。

每个人都会遭遇厄运，但鼓起勇气面对厄运比化解厄运更重要。因为厄运并不能置人于死地，反而是另一种命运的起点!

4

爱默生说过："我们的力量不是来自我们的强大，恰恰相反，而是来自我们的软弱，只有当我们不堪被戳、被刺、被抛向痛苦的深渊，甚至被抛向死亡的鬼门关时，才会唤醒包藏在我们内心深处的潜能和不可战胜的力量。"

若一个人坐在舒舒服服的椅子上**昏昏欲睡**，他不可能成为一个伟大的人物。只有当他被摇醒、**被折磨**、被击败时，他才有机会去学习他以前根本学不到的东西，这些东西刺激着他不断地思索和感悟,从而增强了他内在的智慧,发挥了他的刚毅精神,更深刻地了解了人生和生活深邃的意义，使他这朵当初并不起眼的小花,在经历了厄运后收获了一颗硕大无比的果实。

03.踮起脚尖,你便能够到星光

信念,似普罗米修斯的火把一般点燃成功的导火线,那耀眼的火光刺痛人们的双眼,冥冥中,会感到一种新生的力量在每一根神经上跳跃不息。

1

信念就是所有奇迹的萌发点。所有成功的人,最初都是从怀揣一个信念开始的。你不需要花费很多金钱或者代价来获得它,你需要的就是一颗细腻而坚定的心，奇迹便会在不知不觉中慢慢地向你靠近,而你也会在它的引领下逐步走向成功。

罗杰·罗尔斯出生在纽约声名狼藉的大沙头贫民窟。这里是偷渡者和流浪汉的聚集地,不仅环境肮脏,而且充满暴力。在这儿出生的孩子从小就逃学、打架、偷窃,甚至吸毒,长大后很少有人从事体面的职业。然而,罗杰·罗尔斯却是个例外,他不仅考入了大学,而且最终成了纽约州的州长。

在就职的记者招待会上,一位记者对他提问:是什么把你推向州长宝座的?面对三百多名记者,罗尔斯对自己的奋斗史只字未提,只谈到了他上小学时的校长——皮尔·保罗。

皮尔·保罗担任诺必塔小学的董事兼校长时正是美国嬉皮士流行的时代,他发现诺必塔小学的穷孩子们比"迷惘的一代"还要无所事事。他们旷课、斗殴,甚至砸烂教室的黑板。皮尔·保罗想了很多办法来引导他们,可是都未奏效。后来他发现这些孩子都很迷信, 于是在他上课的时候就多了一项内容——给学生看手相。他用这个办法来鼓励学生。

一天当罗尔斯从窗台上跳下,伸着小手走向讲台时,皮尔·保罗握着他的小手说:"我一看你修长的小拇指就知道, 将来你是纽约州的州长。"当时,罗尔斯大吃一惊,因为长这么大,只有他奶奶让他振奋过一次,说他可以成为五吨重的小船的船长。这一次,皮尔·保罗先生竟说他可以成为纽约州的州长,着实出乎他的预料。他记下了这句话,并且相信了它。

从那天起,"纽约州州长"就像一面旗帜插在了罗尔斯的心里,时刻提醒着他的"身份"。罗尔斯的衣服不再沾满泥土,说话时也不再夹杂污言秽语。他开始挺直腰杆走路,在以后的40多年间,他没有一天不按州长的身份要求自己。在他51岁那年,他终于成了纽约州州长。

罗尔斯在他的就职演说中说:"信念值多少钱?信念是不值钱的,它有时甚至是一个善意的欺骗,然而一旦你坚持下去,它就会迅速升值。"

2

人生的变数很多,没有人能够承诺给我们一个永远的晴天;也没有人能够预知草莽中是否潜藏着毒蛇猛兽。虽然我们不能把握外界,但是行动可以产生力量。这种力量的源泉就来自于坚强的信念,真正的信念是永远不可战胜的。

种子播撒到地里,我们看到的或许只是这个现象的本身,然而在农夫的眼里,看到的却不仅仅是这些,更是一片充满生机的绿和金黄色的收获。显然,他眼中凝聚着对收获的一种信念。正是受到这种力量的鼓舞,他们日复一日、年复一年地在祖先留下的土地上辛勤地劳作,与土地结下不解之缘,最终获得硕果累累的庄稼。

有人说,种子会在春天死掉。是的,它们有的会发芽,长出嫩嫩的青叶,甚至还会开花,也许并没有果实,但它们顾不了太多,它们只是拼命地往上长。对蓝天的崇拜和对阳光的渴望织成了它们的唯一信念。

也许它们会被春天的阴雨淹没细根；也许它们会被夏天的烈日剥去葱绿；也许它们会被秋风无情地扯断纤细的茎叶；最终它们会被冬雪覆盖最后一丝残存的呼吸。但是，它们并没有因为季节的更替而放弃生命，不是吗？否则，我们看到的满眼绿色，又从何而来？

或许种子看到的并非残酷的现实，也许它们感受到的是阳光与雨露的无私；也许它们感受到的是彩虹与朝霞的炫目；也许它们感受到的是落叶萧萧与薄雾蒙蒙的美；也许它们在死亡之前仍感叹生命的短暂和自然的宽容与精彩。

究竟是什么让种子如此乐观？是信念！因为有了坚定的信念，种子才会坚持到隆冬；因为有了坚定的信念，才会有前进的动力；因为有了坚定的信念，才会有无畏的胆识，超越一切，走向成功；因为有信念，才有了一切。

在人生的历程中，接受信念的指引，大步向前，就会像种子一样战胜恶劣的环境，冲出土壤，成为参天大树。

3

有一位美国青年叫亨利，他三十多岁了仍然一事无成，整天坐在公园里唉声叹气。这天他的好朋友约翰在公园里找到他，兴高采烈地跟他说："亨利、亨利，我告诉你一个好消息！"

"我哪会有什么好消息？"亨利不相信。

"真的是好消息,"约翰迫不及待地说,"我看到一份杂志,里面有一篇文章讲的是拿破仑有一个私生子流落到美国,这个私生子又生了一个儿子,他的全部特点跟你一样:个子很矮,讲的是一口带有法国口音的英语。"

"真的是这样吗?"亨利半信半疑。但是,他愿意相信这是事实。

当他拿起那本杂志琢磨半天后,选择相信自己就是拿破仑的孙子!这时候,他完全改变了自己内心的想法。从前,他觉得自己个子矮小,很是自卑。如今,他欣赏自己的正是这一点,"矮个子多好!我爷爷就是靠这个形象指挥千军万马的。"以前他觉得自己的英语讲得不好,像乡巴佬一样,而今他以讲带有法国口音的英语而自豪!当他遇到任何困难的时候,亨利都会对自己说:"在拿破仑的字典里是没有'难'字的。"就这样,凭着他是拿破仑孙子的信念,他克服了一个又一个的困难,三年后,他成为一家大公司的董事长。

后来,他请人调查自己的身世,得到的结果是:"亨利,你不是拿破仑的孙子。"但他说:"现在我是不是拿破仑的孙子已经不重要了,重要的是我懂得了一个成功的秘诀:当我相信时,它就会发生。"

一个人要想成功,必须在内心深处树立起信念,就像洒扫街道一般,首先将街道上最阴暗潮湿角落中的自卑感清除干净,然后再种植信念,并加以巩固。只有建立信念,新的机会才会随之而来。

有人说:"信念就像人生的太阳一样,是我们前进的动力。信念的力量在于即使身处逆境，身处狂风暴雨之中，也能帮助你扬起前进的风帆；信念的伟大，是即使遭遇不幸，也能让你鼓起生活的勇气，使你张开翅膀，振翅高飞。"

有了信念，我们就像拥有了阳光一样，无论我们处于多么阴冷潮湿的地方，我们也不会觉得寒冷，因为温暖的阳光永远照在我们的身上。

04.别急着举手投降，也许下一刻便峰回路转

生活中，很少有人能幸运到一步就拥有自己想要的生活。在通往理想人生的这条路上，也许我们要走很长一段时间的弯路，但是，只要你心存希望，随时都可以重新开始，你的人生也会逐渐向你想要的方向前进。

1

在紧邻西太平洋的一个小村子里，由于地处荒漠地带，这里常年看不到绿色，没有一点生机。人们只能依靠政府从远处运来

的食物和用品度日。

有一年，加拿大一位名叫罗伯特的物理学家在进行环球考察时经过这里。他在村子里住了几天后发现了一个奇特的现象：除了村子里的人，他没有发现多少生命迹象，只有蜘蛛四处繁衍，活得很好。

对于这一重大发现，罗伯特极为感兴趣，他好奇为什么只有蜘蛛能在如此干旱的环境里生存下来?于是,罗伯特把目光锁定在蜘蛛网上。他借助电子显微镜细心地观察后发现，这些蜘蛛网具有很强的亲水性，极易吸收雾气中的水分，而这些水分正是蜘蛛能在这里生生不息的源泉。

罗伯特开始在心里琢磨:蜘蛛尚能如此,为什么人类不能像蜘蛛织网那样截雾取水呢?

在当地政府的支持下,罗伯特研制出一种人造纤维网,选择当地雾气最浓的地段排成网阵。这样一来,空中的雾气就会被反复拦截,从而形成大量的水滴,这些水滴滴到网下的流槽里,就成了新的水源。

据测算,这种人造"蜘蛛网"平均每天可截水多达上万升,不但满足了当地居民的生活用水，还可以用来灌溉土地，使这片昔日荒凉的荒漠里出现了生机。

也许一百人来到这里,就会有九十九个不抱希望,然而罗伯特却在这种看似绝望的环境里发现了新的希望。实际上,在任何地方,任何事情上,都不存在真正的绝境,而之所以绝望,是人的心理在作祟。

爱默生说："如果你想要成功，当以恒心为良友，以经验为参谋，以当心为兄弟，以希望为哨兵。"无论你是否看得清未来，无论你的前途是否仍处于暗淡之中，只要希望之火不灭，你就一定会凭着它找到出口，就像莎士比亚所说的那样："黑夜无论怎样悠长，白昼总会到来。"

2

每个人的一生都不会风平浪静，生活也不会一帆风顺。我们在人生的旅途中前行时，难免会陷入"枯井"中，各式各样的困境就像不停掉落的尘土让人无处躲藏。但是，即便这样我们也不应该放弃，不应该绝望。

假如我们绝望了，恐怕只能陷在井中，无法脱困；相反，如果我们能够相信生命中还有希望，乐观豁达地面对一切，那就有可能将落在身上的泥土转变成帮助自己脱困的垫脚石。相信只有这样，我们灰暗的心才能被照亮。

正如几米写过的一段话："掉落深井，我大声呼救，等待救援……天黑了，黯然低头，才发现水面满是闪烁的星光。我总是在最深的绝望里，遇见最美丽的惊喜。"

3

任何事物都有两面性,如果用绝望的眼光看事物,那就会看到绝望;如果用希望的眼光看待它,那么又会看到希望。因此,当生活不如意的时候,一定要记住:掉落深井,万万不可绝望,要用充满希望的心去捕捉逢生的点滴。

雅诗·兰黛出生于一个普通的家庭。在她十几岁的时候,她的叔叔——化学家舒茨到家里做客,送给雅诗一份护肤油的配方作为礼物。叔叔的这份礼物出于无心,但从此,在雅诗的心里种下了打造美容世界梦想的种子。

雅诗在二十多岁时结婚了,紧接着,她又生了两个可爱的孩子。然而,雅诗并不安心于相夫教子的生活,美容帝国的梦想一直在蠢蠢欲动,她一直在寻找合适的时机。于是,雅诗用叔叔给的配方,开始自己制造化妆品。制造完成之后,她又不遗余力地到处推销自己做的面霜和手霜。由于雅诗一门心思地把所有的精力都花在化妆品上,无法在家庭和事业上找到平衡点,这引起了丈夫的极度不满,终于有一天,丈夫提出了离婚。离婚后,雅诗一度陷入绝境,一边是无人照料的两个孩子,一边是没有任何起色的事业。但是,坚强的雅诗并没有因此一蹶不振,而是以一种常人难以想象和理解的毅力坚持了下来,她带着年幼的孩子到了新的城市,在商场里开设了自己的化妆品专柜。

3年后，经历过生活风雨与心灵洗礼的雅诗和丈夫复合了，夫妻二人一起创建了雅诗·兰黛公司。为了节省开支，他们没有雇佣他人，公司所有业务都由他们夫妻二人共同经营，丈夫负责管理工作，而研发、销售、运输、宣传等活儿都是雅诗一个人干。接客户电话的时候，她不得不经常变化嗓音，一会儿高一会儿低，一会儿装经理，一会儿装财务人员，一会儿又装运输人员……

皇天不负有心人。终于，雅诗·兰黛的化妆品进入了美国最高级的百货公司聚集地——第五大道的商场柜台上。经过几十年的努力，雅诗·兰黛终于打造出了自己的化妆品帝国。

人生就是这样，只要心存希望，那些来自外界的不幸不管多么沉重，也不管多么巨大，总会有一条路在我们脚下延伸开来。这个世界上，从来没有什么真正的"绝境"，一切都是相对的。所以，不管摆在我们面前的是怎样的境遇和状况，我们都不要忘了给自己一个希望，只要坚定了这个信念，我们就一定能找到新的出口，战胜那些看似难以跨越的困境。

05.当初的梦想,你如今实现了吗？

　　由现实通往理想的路是一条充满艰难险阻的曲折之路,有赖于脚踏实地、持之以恒的奋斗。要实现理想、创造未来,就必须有战胜种种艰难险阻的坚定不移的信心和坚忍不拔的毅力。在实现理想的重任中,遭遇到一点困难、曲折或失败,就灰心丧气、悲观失望甚至动摇理想信念的人,不可能将理想最终变为现实,也不可能体会到实现美好理想的巨大幸福。

1

　　人都是有理想的,但能够将理想坚持下去的人并不多。人生中,失败或许不是一件坏事,成功也未必是最终结果,而坚持理想一定是一件意义重大的事。那些有所成就的人,在获得巨大的成功之前,必须在理想的道路上努力坚持。很多时候,只有始终坚持理想,才会有奇迹发生。

　　有一个小男孩的父亲是位马术师,他从小就跟着父亲东奔西跑。由于经常四处奔波,男孩的求学过程并不顺利。

初中时,有一次老师叫全班同学写作文,题目是《长大后的志愿》。

那晚他洋洋洒洒写了七张纸,描述他的伟大志愿,那就是想拥有一个属于自己的牧马农场,并且他仔细地画了一张占地200亩的农场的设计图,上面标有马厩、跑道等的位置,而且在这一大片农场中央,还要建造一栋占地400平方英尺的巨宅。

他花了好大心血把这篇作文完成了,第二天交给老师。两天后他拿回了作文,上面打了一个又红又大的F,旁边还写了一行字:下课后来见我。

脑中充满幻想的他下课后带着作文去找老师,问:"为什么给我不及格?"

老师回答道:"你还小,不要老做白日梦。你没钱,没家庭背景,什么都没有。盖座农场可是个花钱的大工程,你要花钱买地,花钱买纯种马匹,花钱照顾它们。"他接着又说,"如果你肯重写一个比较靠谱的志愿,我会给你一个你想要的分数。"

这男孩回家后反复思量了好几次,然后征求父亲的意见。父亲只是告诉他:"儿子,这是非常重要的决定,你必须自己拿主意。"

再三考虑几天后,他决定原稿交回,一个字都不改。他告诉老师:"即使拿个大红F,我也不愿放弃梦想。"

二十多年后,这位老师带领他的30个学生来到那个曾被他指责过的男孩的农场露营一星期。离开之前,他对如今已是农场主的男孩说:"说来有些惭愧。你读初中时,我曾向你泼过冷水。

这些年来,也对不少学生说过相同的话。幸亏你有毅力坚持自己的目标。"

2

当梦想成为信仰,那些曾经的或者正在经受的遗憾、挫折、失败都不会令我们感到绝望, 反而会让我们拥有对未来更多的期许。那矢志不移的追求梦想的决心,怎么会经受不住一时的失意呢?

相信每个人都有过梦想, 都曾在梦想的道路上留下或多或少的足迹。成长的路上从来都是成功与失败并存的,我们只有在失败中不断吸取教训,在成功中不断总结经验,才能更快地抵达梦想的彼岸。凶猛的野兽被猎人射伤时,它依旧疯狂奔跑,它的梦想也许就是逃出去, 然后活下去。我们若拥有胡杨三千年不死,死后三千年不倒,倒后三千年不朽的精神,那实现梦想还会困难吗?

生活中,我们就像生存在孤岛的人,没有交通工具,就永远认为这个世界只属于我们,根本不会晓得人外有人,山外有山;我们就像一粒沙子,在风中慢慢沉淀,沉下去,你就不会再为梦想努力,你也就永远不会再见到阳光了。

所以,请坚持梦想,不断耕耘。怀着梦想坚持航行,才有可能抵达梦想的彼岸;只有顽强拼搏,才会有辉煌的未来。我们要为梦想守候，要为梦想努力，因为我们拥有足够的资本去追逐梦想。

3

一个叫布罗迪的英国教师，在整理学校教学楼阁楼上的旧物时，发现了一沓作文本，上面是这个学校的31位孩子在50年前写的作文，题目叫《未来我是……》。

布罗迪随手翻了几本，很快便被孩子们千奇百怪的自我设计迷住了。比如，有个叫彼得的小家伙说自己是未来的海军大臣，因为有一次他在海里游泳，喝了三升海水而没被淹死；还有一个说自己将来必定是法国总统，因为他能背出25个法国城市的名字；最让人称奇的是一个叫戴维的盲童，他认为，将来他肯定是英国的内阁大臣，因为英国至今还没有一个盲人进入内阁……总之，31个孩子都在作文中描绘了自己的未来。

布罗迪读着这些作文，突然有一种冲动：何不把这些作文本重新发到他们手中，让他们看看现在的自己是否实现了50年前的梦想。当地一家报纸得知他的这一想法后，为他刊登了一则启事。没几天，书信便向布罗迪飞来。其中有商人、学者及政府官员，更多的是没有身份的人……他们都很想知道自己儿时的梦想，并希望得到那本作文本。布罗迪按地址一一给他们寄了去。

一年后，布罗迪手里只剩下戴维的作文本没人索要。他想，这人也许死了,毕竟50年了,50年间是什么事都可能发生的。

就在布罗迪准备把这本子送给一家私人收藏馆时，他收到了英国内阁教育大臣布伦克特的一封信。信中说:"那个叫戴维的人就是我,感谢您还为我保存着儿时的梦想。不过我已经不需要那本子了,因为从那时起,那个梦想就一直在我脑子里,从未放弃过。50年过去了,我已经实现了那个理想。今天,我想通过这封信告诉其他30位同学：只要不让年轻时美丽的梦想随岁月飘逝,总有一天它会变为现实出现在你眼前。"

布伦克特的这封信后来被发表在《太阳报》上。他作为英国第一位盲人内阁大臣,用自己的行动证明了一个真理:假如谁能为了五岁时想当内阁大臣的愿望执着地努力奋斗50年，那么他现在一定已经是内阁大臣了。

理想,是我们自己确定的人生价值的最大值。只有逐渐地接近理想,才能获得更为充盈的人生,才能长久地支撑着"人"的一撇一捺。

4

在我们的生活中,理想是必不可少的。一个人如果没有理想和抱负,那就会变得鼠目寸光,以致一生碌碌无为。但是,如果仅有理想而不付诸行动,理想就只能是一纸空文,要把它变为现实还要靠信念,靠努力。

　　如果我们在树立理想时,不忘刻苦努力,以顽强的毅力去拼搏,用一种不达目的誓不罢休的信念向困难冲击,就一定能战胜困难。有一位寓言家说得好:"理想是彼岸,现实是此岸,中间隔着湍急的河流,行动就是架在两岸的桥梁。"

　　历史是漫长的,人生是短暂的。我们应该有比前人更高的奋斗目标、更美好的理想、更坚定的信念,乘风破浪,一往无前。

　　宁可因梦想而忙碌,不要因忙碌而失去梦想。不敢有梦想的人,生活必定是平淡庸俗的。正如英国盲人内阁大臣戴维所说:"只要有梦想且不断地追寻,你就能够梦想成真。"

　　执着是梦想成真最重要的因素,可以说执着是滴水穿石,执着是愚公移山,执着是精卫填海,执着是铁杵成针。执着于梦想,再大的困难都能解决,即使道路再崎岖也能一马平川,风雨再大都会拥抱晴天!

　　没有人能随随便便成功,即使是明星的一夜成名,背后也隐藏着对梦想的执着。在困难面前,我们不能退缩,要挺身前进。只有执着于自己的梦想,不断超越进取,才能让我们的人生道路更加宽阔。所以请记住,失败者,往往是热度只有五分钟的人;成功者,往往是坚持到最后五分钟的人。

Part 4

深山必有路,就怕你不敢

　　人生就像一条奔腾不息的河流，不会停止在某一阶段。我们需要不断超越自己，超越自我不是单纯的主观愿望，每一次超越都将是人生的一次升华。而拥有坚定的信念便可以为自己搭建一部云梯——它可以帮助我们眺望到遥远的方向、生命渴望的方向。

01.嗨，你找到属于你的"钻石"了吗？

每个人身上都蕴藏着巨大的潜能，每个人的命运都蕴藏在自己的胸膛里。只有善于发挥潜能的人，才能走出命运的迷宫，找到真正的宝藏。

1

我们总是感叹上天的不公平，认为它给了一些人卓越的才华而让更多的人平庸。然而，上天一定是公平的，它把天赋作为礼物送给我们每个人，只是，我们大多数人一生都未能拆开这份礼物的包装。

在所有为人类做出贡献的科学家当中，很少能有人与瓦拉赫相提并论，甚至连爱因斯坦都不能。虽然他不像爱因斯坦那么有名，但这位得过诺贝尔化学奖的德国人对于人类社会和生活的影响却比爱因斯坦大得多。他杰出的贡献是奠定了脂环族和波烯化学研究的基础。用一种普通人都能懂的说法就是，他是人造香精和合成树脂的发明者，我们现在吃的零食、喝的饮料、用的化妆品,以及身边的一切塑料制品,包括车辆和建筑物上的涂漆,都得益于他的研究。

然而,瓦拉赫对这个世界的影响还远不止如此。依据他的成才经历,心理学家们总结出一条定律,这条被称作"瓦拉赫效应"的心理学定律如今在教育界发挥着极大的作用。

在瓦拉赫还很年轻的时候,他中产阶级的父母为他选择了一条文学之路。考虑到契诃夫、托尔斯泰、莫泊桑等大文豪都出现在他那个时代,选择文学之路前途似乎风光无限。可惜瓦拉赫并没有文学创作的热情和能力,他的才华在文学上完全发挥不出来。他从老师那里得到的评价是:"瓦拉赫很用功,但过分拘泥。"

之后,他的父母期待他能在艺术的道路上光宗耀祖,让他学习绘画。而瓦拉赫显然在构图和色彩调配方面缺乏灵感,不到一年,他被绘画老师宣告为"在绘画艺术方面的不可造就之才"。

然而,瓦拉赫在化学方面的天赋渐渐显露,并引起了他化学老师的注意。他认为瓦拉赫做事井井有条、一丝不苟,这是做好化学实验必备的素质,因而建议他专心学习化学。从此,瓦拉赫的才华找到了可以尽情发挥的地方。

在化学方面的天赋使瓦拉赫成了一位杰出的化学家,曾经在文字上表现为过分拘泥的个性成为化学实验室里认真严谨的性格优势;在绘画时不善构图和不会运用色彩的毛病也丝毫不妨碍他写出准确的分子式。他避免了走上一个二三流作家或毫无希望地在绘画的道路上苦苦挣扎的不归路。

如果我们教乔丹去踢足球，那么我们将失去一位伟大的篮球巨星，如果我们教马拉多纳去打篮球，结果也一样。爱因斯坦做不了科学家，贝多芬也做不了音乐家，天才只属于某一专长的领域，他们不可能，也没有必要精通一切。在这个世界上，并没有样样精通的全才，所以，一个人有某方面的缺憾绝不代表他整个人生的失败。请相信，每个生命都有他存在的理由，每个生命也都有他精彩的一面。

2

每个人出生的那一刻，身上注定会带有特定的长处。这个长处平日里很难被发现，只有到社会上磨练了之后才会慢慢显现出来。

1978年的4月1日，胡厚培迎来了他的第一个孩子——胡一舟。就像愚人节的一个玩笑一样，他很快发现自己的孩子智力有问题，并通过医院检查得到了证实。医生告诉他：舟舟的基因发生了变异，第21对染色体多了一条，这种情况在医学上被认为是先天愚型患者，属于智力残疾，并且是医治不了的。20年的时光弹指而过，胡一舟的智商一直在30左右的水平，而正常人的智商则在70以上。二十余岁的他，只会从1数到5。他厚厚的作业本里只有一道三加二等于五的数学题。因为语言障碍，没有逻辑思维能力，他无法上学，几乎不识字。尽管父亲不断用自

己的爱心和耐心来培养儿子的智力,不厌其烦地教儿子数数,
"人"等简单的字,但是,无论胡厚培动多少脑筋,制作多少卡
片,舟舟就是学不会。

但是先天的愚钝并没有遏止舟舟对音乐的感悟,在乐团工
作的父亲经常把他带在身边,并参加乐队的排练。或许是从小就
不断受到音乐熏陶的缘故,长期的耳濡目染,使舟舟爱上了音
乐,当乐队演奏的时候,他经常不由自主地舞动双臂,好像他在
指挥着乐队演奏。一次偶然的机会,舟舟竟拿着指挥棒成功地指
挥了乐队的一次演奏,让大家感到无比惊讶和意外。这个连最简
单的数字都不会数认,甚至连自己的名字都不会写的孩子,竟然
能表现出交响乐中的节奏、强弱、声部的转换等,并且把老指挥
的动作模仿得惟妙惟肖。

自此,6岁的他便被乐团首席第二小提琴手刁岩发现,从此
刁岩成了舟舟的指挥老师。十多年的音乐熏陶,使舟舟能熟记
十多部中外名曲的旋律,并能惟妙惟肖地模仿乐团指挥家的指
挥动作。几年以后舟舟成了世界上第一个弱智指挥,声名传遍
了世界。

以舟舟的智力而言,他再学20年数学,也许只能多会几道
简单的数学题,但这对于他的人生来说又有什么帮助呢?他弥补
的是一个永远也弥补不了的欠缺。

舟舟是个幸运的孩子,及早地放弃了在其他方面与别人争
得平等的努力,发现了别人不具备的音乐天赋。作为一个智力有

欠缺的人，他在指挥的时候是快乐的，而看他指挥的观众也是快乐的。在这种对音乐的追求中，他得到了人生的快乐，获得了精神的满足，这足以让他的人生更具非凡的意义。他教会我们如何去认真对待每一个生命。

每个人的身上都蕴藏着一份特殊的潜能，那份潜能犹如一位熟睡的巨人，等着我们将它唤醒。只要我们能将潜能发挥得当，我们的人生定会变得不平凡。

3

不是每个人都能飞得起来。但有句话说得好，因为不能飞，所以要奔跑，我们要相信潜力，永保一颗积极向上的心，翻过一重又一重自我设限的大山。人生永远不设限。在尘埃落定以前，要始终如一地坚持扶摇而上的姿态。在尘埃落定之后，也要相信，只要不停止追寻的脚步，必然有亮丽的风景等候在前方。

乔丹出生在美国一座贫民窟里。他有两个哥哥、一个姐姐和一个妹妹，父亲工资微薄，靠他的收入根本填不饱一家人的肚子，所以他从小就在贫穷与歧视中度过。对于未来，他看不到什么希望。没事的时候，他总是蹲在低矮的屋檐下，默默地看着远山，沉默且沮丧。

13岁那年，有一天，父亲突然递给他一件旧衣服，问："这件衣服大概值多少钱？"

"1美元吧。"他回答。

"你能把它卖到2美元吗?"父亲又问。

"傻子才会买。"他轻蔑地说。

"你为什么不试一试呢?你长大了,家里日子不好过,要是你能卖掉它,也算帮了我和你妈妈。"

他这才点点头,接过衣服:"我可以试一试,但是我不一定能卖掉。"然后,乔丹把那件衣服很小心地清洗了一遍,又用刷子代替熨斗,把它刷平,然后阴干。第二天,他一大早就带着这件衣服来到一个地铁站,在那里整整叫卖了6个小时,最后终于以2美元卖出了它。他紧紧攥着这来之不易的2美元,一路跑回家,把它交给父亲。此后,他开始热衷于从垃圾堆里淘拣有钱人丢弃的旧衣服,打理好,卖些小钱,补贴家用。

过了一段时间,父亲又递给他一件旧衣服,提出更高的要求:"你看这件衣服能不能卖到20美元?"看着他疑惑的眼光,父亲还是当初那句话:"为什么不试一试呢?"父亲离开后,他想啊想,终于想到一个好办法。他找到自己的表哥,表哥正在学画画,他让表哥在衣服上画了一只可爱的唐老鸭和米老鼠,然后带着它来到一个贵族子弟学校门口。那天傍晚,一个来接小少爷的阔管家为他10岁的小少爷买下了这件衣服。他当然不会穿它,但他非常喜爱衣服上的图案。小少爷一高兴,还让管家给了他5美元的小费。25美元,他父亲当时一个月的工资也不过如此。

没想到,当他把25美元交给父亲时,父亲又拿出一件旧衣服，再次说："你能把它卖到200美元吗？"这次，他没有任何犹豫，他相信自己一定有办法。至少，自己可以试一试。两个月后，机会来了——当红电影《霹雳娇娃》女主演拉弗希来到纽约为自己的新片造势宣传。他带着那件浆洗一新的衣服，和一大群粉丝围在记者招待会会场外。招待会一结束，他猛地推开一个保安，冲到拉弗希面前，举着旧衣服请她为自己签名。拉弗希先是一愣，继而露出微笑，流利地在那件旧衣服上签上自己的芳名。他笑着问："拉弗希小姐，我能把这件衣服卖掉吗？""当然，这是你的衣服，你怎么处理是你的自由。"他礼貌地说了声谢谢，然后欢呼道："快来看，拉弗希小姐签名的运动衫，只要200美元！"出乎他的意料，这件旧衣服竟然引起了现场粉丝的竞拍，最终，一个石油商人出了1200美元的高价收藏了它！

回到家，他和父母及兄弟姐妹陷入了狂欢之中。当晚，他和父亲抵足而眠。父亲问："孩子，你从卖衣服当中明白了些什么吗？"他答："我明白了，您是在启发我，只要开动脑筋，办法总是有的。"

父亲点点头，又摇摇头，说："你说得对，但这不是我的初衷。"父亲说："我只是想告诉你，一件被丢弃的旧衣服都有办法高贵起来，何况我们这些活生生的人呢？我们有什么理由对生活丧失信心呢？我们为什么不能梦想一些不可能的事情？"

父亲的话像一道闪电，直击乔丹的内心深处。是啊，连一件旧衣服都有办法高贵起来，我有什么理由妄自菲薄？从此，他开始努力学习,刻苦锻炼。20年后,他的名字传遍了世界。

人的一生就像是爬山,好的风景往往都是在危险的地方。很多人因为惧怕危险而止步不前, 只有一小部分人登到了顶峰,领略到了人间仙境一般的美景。真正的成功人生必定是由冒险堆积而成的高山。越是敢于冒险的人,越是能引爆自己的潜能。所以,失败者不是因为命运;成功者不是因为有异能。每个人都隐藏着惊人的潜能,任其埋没,就会平庸一生;激发潜能,就能辉煌一生。

02.切断所有的退路,即使前方是悬崖

人生路上,你是否有勇气斩断牵绊住双脚的退路,只为自己留下一条路?退路永远都是留给失败者的,那些成功者从来都不曾想过为自己留退路。

1

一个成功学大师曾组织过一次穿越丛林的比赛。比赛规则很简单,每个人手中都有一幅地图,上面标有四条通往目的地的

道路，谁能够以最快的速度到达目的地谁就算赢。

面对迷宫一样的丛林，参赛者都不敢确信自己是否能够走出去。大部分参赛者都抱着试试看的态度出发，一旦此路不通就原路返回，选择另一条路再次出发。其中一个参赛者却从地图上撕下了三条路，只给自己留下一条路。然后，他就带着只有一条路的地图出发了。

其他参赛者心中始终想着，如果这条路走不出去就立刻返回。他们只顾盯着地图上其他三条路，而没有细心研究自己脚下的路，所以走着走着就找不到出路了。无奈之下，他们只好原路返回，选择另一条路。但是，他们在第二条路上同样没有找到出路，只好再次返回，选择第三条路。结果，四条路全都试过一遍之后，仍然没有找到出路。大部分人都回到了原点。

那个只有一条路可走的人走进丛林之后，一心只想往前走。遇到困难的时候，他就拿过地图仔细研究，寻找出路。最后他终于跨过各种艰难险阻，第一个到达目的地。

那个成功学大师看着那些最后回到原点的人意味深长地说："其实，无论选择哪条路，只要坚持走下去，都能够到达终点。有时候，退路恰恰就是阻止我们前进的绊脚绳。"

不给自己留退路，就会将自己的信心与勇敢全部集中在前进的道路上。此时，任何困难都会被你踩在脚下，任何挫折都会被你甩在身后。当你历经艰辛之后才会发现，原来，成功就在自己眼前。

2

人生是一次没有退路的旅行,成功的人生更没有退路。要想成功,就必须给自己一片没有退路的悬崖,当我们不能后退时,就只有前行,也只有前行才能和成功相遇。退路往往是尚未成功时保留力量的借口,是失败时冠冕堂皇的退缩理由。只有敢于切断退路,有破釜沉舟的勇气的人,才能全力以赴地给自己创造一个向成功冲锋的机会。

有时候,无路可退的人往往更容易成功,因为他别无选择,只能倾尽全力朝目标冲刺。天上从来不会无缘无故地掉下馅饼,成功也不会随随便便来到任何人面前。每一条通往成功的路都少不了艰难坎坷,如果遇到困难就想着后退,那就很难跨过困难,最后可能还是会回到起点,成功也就和你无缘了。

世界著名的成功学家拿破仑·希尔在他的著作《思考致富》中,曾经提出了这样一个成功学理念:"过桥抽板"。其实说的就是切断自己的退路,留一片悬崖在身后。当你无路可退的时候,往往能够激发出最大的潜力,调动所有的激情,义无反顾地勇往直前,坚持到底。

美国作曲家乔治·格什温凭借交响乐《蓝色狂想曲》一举成名。谁也不曾想到如此动人的音乐居然是用两周的时间完成的。

格什温很早的时候就立志做一名严肃音乐家,但他从来没有写过交响乐。所以,当美国著名的爵士乐指挥保罗·怀特曼为组织"现代音乐实验"音乐会而邀请他写一部交响乐时，固执的格什温坚称自己对交响乐一窍不通，不肯答应。但是，怀特曼却并没有为此放弃，他竟然在报纸上刊登了一则广告，发布了格什温将为这次音乐会作曲，并亲自担任钢琴独奏的消息。这下彻底切断了格什温的退路，他不得不尝试写自己"一窍不通"的交响乐。

他准备去波士顿"闭关"创作。而脑中全是交响乐的他，在前往波士顿的火车上，从铿锵的节奏和隆隆的撞击声中找到了灵感，仅用两周的时间就创作出了《蓝色狂想曲》，演出后大获成功。格什温从此也成了世界著名的作曲家。

很多时候，阻碍我们前进的最大障碍不是对手，也不是困难，而是我们自己。如果格什温当初畏首畏尾不敢向自己挑战，如果怀特曼没有切断他的退路，或许今天我们就听不到如此美妙的《蓝色狂想曲》，世界上恐怕也少了一个极具才华的作曲家。

生活中，退路就是在为不成功找借口，在经历失败后，它就成了堂而皇之的退缩理由。当你为自己留出后路时，你就在失败上投下了一枚筹码，你的信心就已经削减了一半。关键时刻，有破釜沉舟的勇气的人，才能给自己创造一个向生命高地冲锋的机会。

03.人生深不可测,千万别用尺子量

征途的回顾常常会使人发现真理,当你走过一段生命的历程,再回过头来走近生命的源头,你会惊奇地发现:它是一座等待燃烧的火库,有着无穷无尽的能量。千万不要小看自己,因为人有无限的可能。就看你是不是找到了驾驭生命的工具,是不是找到了燃起生命之火的火种。

1

人与人之间没有什么太大的差别,仅仅是思维方式不同而已。为什么有的人会成功,而有的人却会失败?成功的法门究竟来自哪里?事实上,一切都源于大脑的思维方式。失败者在自己内心设置层层枷锁,对大脑进行自我设限,以至于阻碍了自己前进的步伐。

一个人一旦自我设限,就不再一往无前,甚至会不断降低成功的标准,给自己消极的心理暗示:你只能做到这样了。久而久之,这个人就会变得害怕失败,做事畏首畏尾,以至于错失一次

又一次的机会，最后只能甘于平庸。

科学家们曾做过这样一则实验：把跳蚤放在一个玻璃杯中，发现跳蚤很容易就跳了出来，跳起的高度为其身长的100多倍。按照身高与跳起的高度作比例计算，如果跳蚤像人这么大，那么它跳起的高度可以达到200多公尺。这一项纪录即便是最优秀的跳高选手也不可能做到。

随后，科学家们在跳蚤所在的玻璃杯上加了一个玻璃罩，"咚"的一声，跳蚤撞在玻璃罩上。连续多次后，跳蚤变聪明了，为了避免碰撞，跳跃的高度总保持在玻璃罩以下。

一天后，科学家把玻璃罩拿掉，跳蚤还是维持在原来的高度跳动。三天后，跳蚤还是在原来的这个高度跳。一周过去了，跳蚤还是在玻璃杯里跳来跳去，这时的它再也无法从杯子里跳出来了。

我们周围有很多人都在过着这样的"跳蚤人生"。起初的时候，意气风发，不断地追求成功，但总是事与愿违，屡试屡败。经过几次失败之后，学乖了，习惯了，麻木了，他们开始质疑自己，开始降低成功的标准，即便早已取消了原有的一些限制。就如同"玻璃罩"被拿掉了，可这时的他们早已没有了再试一次的勇气。他们被撞怕了，在他们的潜意识里，他们头上的"玻璃罩"依旧存在。就这样，他们体内蕴含的巨大潜能被扼杀了。

一个人最大的敌人不是别人，而是自己。只有敢于向自己挑战，并战胜自己，才能获得最后的成功。如果你想征服世界，首先要做的就是征服自己。突破自我,才能到达成功的彼岸。

2

土耳其有句古老的谚语:"每个人的心中都隐伏着一头雄狮。"人只要突破自我限制,让心中的雄狮醒来,每个人都可以成就卓越,创造奇迹! 历史上,往往就是那些不断突破自我限制的人完成了不可能完成的任务,成就了自己的人生,也推动了历史的前进。

如果一个人自己都认为自己无能,那就没有任何力量可以帮助他去取得成功。无论你过去如何,现在如何,你只要问自己想成为什么样的人,然后坚定不移地向着目标出发,哪怕所有人都告诉你"这是不可能的",你也依然坚持下去,那么,你就已经离成功不远了。

一个园艺所刊登了一份启示:重金征求纯白金盏花。由于酬劳相当丰厚,所以在当地一时引起轰动,高额的奖金让很多人十分动心。但在千姿百态的自然界中,金盏花只有金色和棕色两种,想要培植出白色的金盏花,肯定不是一件容易的事情。所以许多人一阵热血沸腾之后,就把那则启事抛到九霄云外去了。

一晃20年过去了,一天,那家园艺所意外地收到了一封热情的应征信和1粒纯白金盏花的种子。当天,这件事就在当地传开了,引起人们的议论。当时人们纷纷猜测,这个成功培植白色金盏花的人，到底是哪个科学家。

过了几天，人们才知道，寄种子的人原来不是什么专家，而是一个年近古稀的老妇人。老妇人是一个非常喜欢种植花草的人，当她20年前偶然看到那则启事后，怦然心动。她不顾八个儿女的一致反对，义无反顾地要坚持培育出白色金盏花。

当时，这个老妇人撒下了一些普通的金盏花种子，精心侍弄。一年之后，这些种子全部开花了，她从那些金色的、棕色的花中挑选了一朵颜色最淡的花，等到这棵花枯萎之后，取得了一些种子。次年，她又把这些种子种下去，然后，再从这些花中挑选出颜色更淡的花的种子栽种……

日复一日，年复一年。终于在20年之后，她在自己的花园中看到了一朵金盏花，这是一朵银如雪的白色金盏花。于是，一个连专家都解决不了的问题，最终在一个不懂遗传学的老妇人长期的努力下迎刃而解了。

也许许多人都想培育白色的金盏花，但是他们会想："连科学家都干不成的事儿，我肯定不行。所以她们放弃了一个挑战自己的机会，永远活在失败中。而老妇人则在一次一次的失败中，最终获得了成功。

3

曼恩说："如果我们每天的生活总是平平常常、毫无变化，那生活多年与生活一天是一样的。完全的一致就会使得最长的生命也显得短促。"因此,若想拥有辉煌的人生,就不能总是重复以前的自己,你真的需要和自己"赌赌气",让自己获得新生。

当我们需要勇气的时候,我们首先要做的,是战胜自己内心的软弱;需要洒脱的时候,我们首先要做的,是战胜自己内心的执迷;需要勤奋的时候,我们首先要做的,是战胜自己养成的懒惰……

人的一生,总是在与自然环境、社会环境、家庭环境做着适应的努力。因此有人形容人生如战场,勇者胜而懦者败;从生到死的生命过程中,所遭遇的许多人、事、物,都是战斗的对象。

其实自己的内心,才是最顽强的敌人。只有狠下心,努力克服自己内心的障碍,才能说战胜了自己,只有战胜了自己的人,才配得到上天的奖赏。

4

一位哲人说:"世界上没有跨越不了的事,只有无法逾越的心。"在生活中有很多很多的人没有取得成功的原因并不是他们没有努力过,而是无论他们如何努力,都不敢逾越自己内心的底线。他们的心里面也给自己设了一个"高度",并默认为自己是没有办法超越这个高度的。

很早以前,在纽约街头,有一位卖氢气球的人。哪儿孩子多,他就在哪儿叫卖。每当生意不好的时候,他就会把那些五颜六色、花花绿绿的氢气球抛上天空。这样,不大一会儿,他就能引来很多小孩子围观。个个兴高采烈地夸他的气球漂亮,并争相去购买。如此,他的生意就会再次好起来,而他也会像孩子一样乐在其中。

不过,他发现一个奇怪的情况:围观的孩子大多是白皮肤的,那些肤色黝黑的孩子很少参与其中——他们偶尔只会远远地观望。这令他很困惑。

但是,有一天,他发现一个黑皮肤的孩子也在与大家一起围观,只是那个孩子的脸上没有兴奋的表情,而是用惊奇与疑惑不解的眼光望着天空中那只飘来飘去的黑气球。哦……他顿时明白了:原来在当时纽约的孩子心中,黑色不但代表着肮脏、丑陋、怯弱,还代表着卑贱和贫穷。所以,这个内心局限在"黑色"自卑中的孩子,是无论如何也不敢相信"黑色"气球也可以像其他颜色的气球一样能在天空中飘扬的。明白了这个黑人孩子的心思之后,他微笑着走了过去,说:"孩子,气球能不能飞上天空,在于它心中有没有想飞起来的那一口气,而不在于它是什么颜色。所以,就算是黑色的气球,只要它心中的那一口气够足,它也一样可以在天空飞扬!"

这个卖气球的人说得很对,气球能不能飞上天,不在于气球是什么颜色,而是气球里面的氢气是不是足够。在生活中,我们也是如此。如果你认为自己不行,那你肯定就不行,而不在于你是白人的孩子还是黑人的孩子。不管你的肤色是黑还是白,也不管你长得高矮胖瘦,只要你不给自己设限,那么,人生中就没有限制你发挥潜能的藩篱。

由此可见,"心理高度"是人无法取得成就的根本原因之一。心中的局限是一种非常可怕的东西,因为它和其他人性的弱点一样,会让我们流入平庸之辈,更像一个瓶颈牢牢地困住我们前进的步伐。我们只有突破它,打碎心中的"玻璃罩",才可以排除一切局限与障碍,才有可能爆发潜在的能量,勇敢地去开辟新天地。要知道,我们能取得的成功,会远远超过我们的想象。

04.要么狠着出彩,要么滚着出局

做人就要如同狼一般对自己更"狠"一点。在这个弱肉强食的时代,假如舍不得对自己狠,别人便会捷足先登,强摘胜利的果实。

1

物竞天择,适者生存。在弱肉强食的丛林中,狮子不会同情自己的"食物",同样在竞争激烈的社会之中,强者也不会同情弱者。要想不被"吃掉",就只有一条路可走:逼迫自己变"狼"。要知道,唯有经历过"狼境""绝境",才能练就如履平地、披荆斩棘的本领。

丹尼斯是美国野生动物保护协会的成员,为了搜集狼的资料,他走遍了大半个地球,见证了许多狼的故事。他在非洲草原就曾目睹了一个狼和鬣狗交战的场面,至今难以忘怀。

那是一个极度干旱的季节,在非洲草原许多动物因为缺少水和食物而死去了。生活在这里的鬣狗和狼也面临同样的问题。狼群外出捕猎统一由狼王指挥,而鬣狗却是一窝蜂地往前冲,鬣狗仗着数量众多,常常从猎豹和狮子的嘴里抢夺食物。由于狼和鬣狗都属犬科动物,所以能够相处在同一片区域,甚至共同捕猎。可是在食物短缺的季节里,狼和鬣狗也会发生冲突。这次,为了争夺被狮子吃剩的一头野牛的残骸,一群狼和一群鬣狗发生了冲突。尽管鬣狗死伤惨重,但由于数量比狼多得多,很多狼都被鬣狗咬死了,最后,只剩下一只狼王与5只鬣狗对峙。

显然,狼王与鬣狗力量相差悬殊,何况狼王还在混战中被咬伤了一条后腿。那条拖拉在地上的后腿,是狼王无法摆脱的负担。面对步步紧逼的鬣狗,狼王突然回头一口咬断了自己的伤腿,然后向离自己最近的那只鬣狗猛扑过去,以迅雷不及掩耳之势咬断了它的喉咙。其他4只鬣狗被狼王的举动吓呆了,都站在原地不敢向前。更加吃惊的莫过于躲在草丛里扛着摄像机的丹尼斯。终于,4只鬣狗拖着疲惫的身体一步一摇地离开了怒目而视的狼王。狼王得救了。

人也应该学习这条对自己凶狠的狼。要想有所成就,就需要抛弃思想上的包袱,轻装上阵。这个世界上,充满了许许多多的诱惑和包袱,如果你不能很快地做出明智的选择,只是一味地背着"重负"踏上人生路,就会很容易被别人抛在身后。

2

一个人如果不逼自己一把,永远不知道自己有多优秀。生活在温室中的花朵,经不起任何的风吹雨打;娇生惯养的孩子,也往往不会取得大成就。作为芸芸众生中的一员,我们不经历风雨,又怎么能见到美丽的彩虹;我们不敢经受失意困苦,又怎么会有"破釜沉舟"的决心,又怎么舍得逼迫自己去书写灿烂的人生呢?

秦朝末年,秦军悍将章邯打败楚军后,又率军攻打赵军。赵军退守巨鹿,并被秦军重重包围。反秦形势严重恶化。赵王四处求救。楚怀王封宋义为上将军,项羽为副将,一起率军救援赵军,企图扭转反秦局势。

面对强大的秦军,宋义率军到安阳后,接连46天按兵不动。对此,项羽十分不满,要求进军,与秦军决战,解救赵军。但是,宋义希望秦赵两军交战后待秦军力竭之后再进攻。这看似高明之举,实为胆怯逃避。因为秦赵强弱差距悬殊,秦军灭掉赵军是早晚的事,而且灭掉赵军根本不会损伤多少兵力,甚至还会增强实力。

此时,军中粮草缺乏,怯懦的宋义仍旧饮酒自顾。项羽忍无可忍,进入营帐杀了宋义,并声称他叛国反楚。此后,项羽统率全军向秦军发起进攻。

项羽率军渡过黄河后,下令把所有的船只凿沉,将所有烧饭用的锅打破,将所有的营房烧掉,只带三天干粮,向秦军发起进攻——包括项羽在内的所有楚军将士,只能在死亡和胜利中选一个,因为他们没有任何的退路和逃生的机会。

就这样,主动将自己逼入绝境的项羽率领楚军,只有与秦军拼命抢夺生机一条道路了。他们迅速进军到巨鹿外围,包围了秦军并截断秦军外联的通道。楚军将士个个拼命,以一当十,杀伐声惊天动地,战斗异常惨烈。经过九次激战,楚军最终大破秦军,打败了秦军悍将章邯、王离等人,逼迫秦军放下武器投降。

经此一役,秦朝的核心主力军队被击垮,天下反秦形势出现了逆转。秦朝在爆发起义后不到两年就灭亡了。

项羽率军破釜沉舟,与秦军拼命时,其他反秦诸侯派来增援的军队却都因胆怯,不敢近前,作壁上观。以至战胜后,项羽于辕门接见各路诸侯时,各诸侯皆不敢正眼看项羽。此后几年,项羽凭着这一战成为天下的实际主宰。

置之死地而后生,项羽就是采用这一方法,激发了楚军的潜力,并让自己闻名天下,甚至融入数千年的历史长河而不朽。如果当时他没有"破釜沉舟"的决心,那么他是很难成就惊世功绩的,没有逼迫自己的思想,他是难以挑战当时那种残酷形势的。

3

有人说,伟大是熬出来的,优秀是逼出来的。一个人想要优秀,就必须敢于挑战;如果想获得成就,就得狠狠地逼自己一把。如果你舍不得逼自己一把,你永远都不知道自己有多优秀。想要成为翩翩飞舞的蝴蝶,就要有敢于破茧而出的勇气;要想成功,就得擦干脸上的泪水。生于忧患,死于安乐。一个人的成长,必须通过几次深入生活的磨炼,才能让自己承受得起风风雨雨。只有能破釜沉舟的决心与意志,才能让自己成为驰骋草原的骏马。

在苏格拉底生活的那个时代,哲学是很崇高的职业。因此,很多年轻人慕名来拜苏格拉底为师。

有一个年轻人想要跟苏格拉底学习哲学,苏格拉底一言不发,带着他来到一条河边,突然用力把他推到了河里。年轻人原本以为苏格拉底是在跟他开玩笑,丝毫没有在意。没想到,苏格拉底自己也跳到水里,并且拼命地把那个年轻人往水里按。这一下,年轻人真的慌了,求生的本能让他拼尽全力将苏格拉底甩开,并很快爬到岸上。

年轻人愤怒地责问苏格拉底为什么要这样做。苏格拉底笑着回答说："我只想告诉你，做任何事情都必须有绝处求生那么大的决心，才有获得成功的可能。"

苏格拉底说得很对，做任何事情都要有决心，都要有一股狠劲，这样才能激发自己内在的潜力，才能让自己绝处逢生。

"狠"，是对成功的自觉，是迷茫的对症药。在人生刚起步时对自己"狠"一点，理性地规划未来，好好经营自己，才能确保你的人生离成功更近一点。

只有对自己"狠"点儿，你才能成功，因为你敢于不计代价地去"折腾"。只要有目标，有方法，就敢于去做，就算遭遇到挫折，也能把它当成成长中的阶梯！

4

只有对自己狠点儿，才能激发自己内在的潜力，才能让自己绝处逢生。传说老鹰是世界上寿命最长的鸟，有的可以活到70岁，但是大多数的老鹰只能活到40岁。当老鹰活到40岁时，它的喙变得又长又弯，几乎碰到胸膛，它的爪子已经没有力量抓住猎物，它的羽毛长得又长又厚，十分沉重，它已无力扇动翅膀飞翔。

这时候的老鹰只有两种选择：等死或是经历一个十分痛苦的更新过程。这个痛苦的过程历时150天，这时它不能飞，处境也很危险，任何动物都可能伤害它。

老鹰首先用自己的嘴狠命地敲击岩石,直到它完全脱落,然后静静地等待新的嘴长出来。接着它用新长出的嘴,把原来的爪子一根一根地拔出来。等到新的爪子长出来以后,再把自己身上又浓又密的羽毛一根根拔掉。老鹰耐心地等待羽毛慢慢地生长,等到羽毛丰满以后,它又会变成强健的空中之王,它还可以再过30年展翅飞翔的岁月。

因为对自己够狠,老鹰迎来了新生。

05.雄鹰和蜗牛,你选哪一个?

贪图安逸是美好未来最大的敌人,没有危机就会迎来杀机。一个人要想保持充足的战斗力,就要不断地给自己压力,让自己从安逸的状态中解脱出来。

1

有一个人去世后,在去往阎罗殿的途中,看到一座金碧辉煌的宫殿。宫殿的主人邀请他留下来居住。

这个人说:"我在人间辛辛苦苦操劳了一辈子。我如今只想吃饱睡足,我厌烦工作。"

宫殿的主人回答道:"如果你的确是这样想,世界上再也找不到比我这里更适合你生活的了。我这里有山珍海味,你想怎么吃就怎么吃,不会有人阻止你;我这里有异常舒服的床铺,你想什么时候睡就什么时候睡,不会有人来干扰你;而且,我保证这里没有任何事情需要你去帮忙。"

这个人听后,高兴地居住了下来。

在最开始的一段日子,他吃饱睡,睡饱吃,感觉十分快乐。随着时间的推移,他日益感到寂寞与空虚。他就去求见宫殿主人,抱怨道:"每天过着吃吃睡睡的日子也没有什么意思,我对这种生活已经失去了兴趣,你能不能为我找一份工作?"

宫殿的主人答道:"抱歉,我们这里从来就不需要任何人去工作。"

又生活了一段时间,这个人实在忍无可忍,又去求见宫殿的主人:"这种日子我实在无法忍受,假如你不让我工作,我宁愿去下地狱,也不希望再住在这里了。"

宫殿主人嘲讽地笑了:"你认为这里是天堂吗?实话告诉你,这里原本就是地狱啊!这里尽管没有刀山火海一般的刑罚,可它能逐渐毁灭你的梦想,腐蚀你的心灵,直到让你变成一具没有思想的行尸走肉,这难道不是活地狱吗?"

这个人恍然大悟:"原来过度享受才是真正的地狱啊!"

我们每个人都向往过着安逸的生活。的确,短时间的安逸生活能让我们的身心得到休息和放松。但长时间的安逸生活,则会销蚀毁灭我们的理想,腐蚀我们的心灵,让我们失去了对生活原本应该有的激情和斗志。这才是人生最为可怕的事。

2

每个人都没有注定的命数,你到底能有多大的发展,就看你有没有决心创造奇迹,敢不敢于寻求涅槃重生。即使你到达了一定的高度,也没有谁可以说你不能再前进了,因为人生的顶峰没有上限,生命的意义贵在"折腾",偶尔泛起微波未尝不是美好,风平浪静往往蕴藏着灾难。

美国康奈尔大学做过一次有名的实验。经过精心策划安排,他们把一只青蛙毫无防备地丢进煮沸的水里,这只反应灵敏的青蛙在千钧一发之际,用尽全力跃出了那势必使它葬身的沸水,跳到地面安全逃生。

隔了半小时,他们使用一个同样大小的铁锅,这一回在锅里放满凉水,然后把那只死里逃生的青蛙放在锅里。这只青蛙在水里不时地来回游动。接着,实验人员偷偷在锅底下用炭火慢慢加热这锅水。

青蛙毫不知情,仍然在微温的水中享受"温暖",等它开始意识到锅中的水温已经使它熬受不住,必须奋力跳出才能活命时,一切为时已晚。它欲试乏力，全身瘫痪，呆呆地躺在水里，终致葬身在铁锅里面。

突如其来的危险往往会使人迅速做出反应，激发超乎寻常的防御能力，然而在安逸满足的环境下往往会使人松懈，这松懈足以致命，却让松懈之人到死都不知何故。一部分人又何尝不像这只青蛙呢？他们安于舒适的现状，固守着一成不变的生活，以至于形成惯性思维，最终导致自己的人生停顿不前，逐渐被社会所淘汰。

腾讯公司董事长马化腾说过这样一句话："坐票太安逸了，这会让人失去斗志、失去激情，我愿意全程站着，保持站着的姿势！"

3

俄国著名作家陀思妥耶夫斯基曾说："千篇一律就等于毁灭。"凡事都千篇一律，不思改变，不知创新，只会让你停滞不前。人若是习惯于这种安于现状的心态，就会不愿改变，不求进取，从而万事都听天由命，导致其终生庸碌无为。

"要维持现状"的念头往往没有一点积极向前的动力，与其说这是一种安稳单调的生活，不如说是一种失败的人生态度。安于现状虽然可以过得很安稳，但它带来的现象却是死气沉沉，总是一种"守旧"的姿态，有些人对现状十分满意，想要继续维持下去。这样一来,成长便会停顿。前人的脚印很好寻,可那终究不能成为自己的。这个世界的更新速度总是太快,当现实被一次次刷新的时候,人生只有不满足于现在的自己,只有不断突破进取,不断地超越自己,才能创造出更美好的人生。

中国著名作曲家、指挥家谭盾从小就喜欢拉小提琴。为了加强自己的琴艺修养,年轻时,他到美国去深造。但为了维持生活,他只能到街头去卖艺——靠拉小提琴赚钱养活自己。为了能多赚点钱,就必须得找一个人流量大的好地段,因为地段差的地方常常赚不到钱。不过,好地段总是有很多人在抢夺,就像在街头摆地摊一样,人人都想占个好摊位。

人生地不熟的谭盾有幸认识了一位黑人琴手,两人相互帮助,终于在一家商业银行的门口占据了一个位置。由于这里不但客流量大,而且来银行的大多都是有钱人,所以一段时间之后,谭盾赚到了不少钱,够他维持一段生活了。后来,他想去一些有名的音乐学府里拜师学艺来提高自己,他就和一起卖艺的黑人琴手道别了。

之后,他进入美国的音乐大学进修。在大学里,他将自己全部的时间和精力,都投入到了音乐之中。为了提高自己的音乐素养和琴艺,谭盾不但拜一些琴艺高的音乐大师为师,还经常与一些技艺高超的同学相互切磋……经过多年的努力,谭盾的琴艺越来越高,经常被邀请到一些著名的音乐厅中表演。

随着知名度的不断提高，10年之后，谭盾成了一位国际知名的音乐家。

一天，谭盾偶然路过自己曾经卖艺的那家商业银行门前，突然发现那位黑人琴手仍在当初的"老地方"拉琴卖艺。谭盾向前与这位昔日的老友打招呼。对方看到他非常高兴，便说："兄弟，多年不见，你现在在哪块好地方赚钱呢？"谭盾便说了一个很有名的音乐厅的名字，但没想到对方却不知晓这家著名的音乐厅，反而问他："你在这家音乐厅门前卖艺怎么样？有这儿赚的钱多吗？"

听了对方的问话，谭盾一时不知该怎么回答。因为对方10年都没有离开过这个地方，只知道在这里拉琴卖艺，却不知道谭盾在这10年里已经去很多著名的音乐厅演出了，更不知道他已经成为国际知名的音乐家，早就不在街头拉琴卖艺了。

生活中，有很多人生活散漫，陶醉于安逸之中，逐渐变得懒惰。他们觉得努力工作并非当前的主要任务，因为生活已经足够好了，没有必要确立更大的志向。这种心态是他们取得巨大成就的最大障碍，归根结底，是安逸的生活毁了他们的未来。

Part 5

死磕到底，幸运终将与你默契十足

◆◆◆◆

既然你选择了要爬上陡峭的梦想之山，那就要爬到底，一旦松手，只能跌入没有希望的深渊里。

01.金矿只有一步，你要撑住

当我们为了一件事情绞尽脑汁也无济于事似乎只能选择放弃的时候，也许它离成功只有一步之遥。很多时候，关键时刻再努力一下，就能拿到开启成功之门的钥匙。

1

成功离不开坚持不懈的追求，很多人之所以不成功，不是因为他们不够努力，而是不能持续努力下去。成功，有时候也许只是多努力一次而已。

美国人达比和他叔叔到遥远的西部去淘金，他们手握鹤嘴镐和铁锹不停地挖掘，几个星期后，他们终于发现了金灿灿的矿石。

于是，他们悄悄将矿井掩盖起来，回到家乡马里兰州的威廉堡，准备筹集大笔资金购买采矿设备。

不久，淘金的事业便如火如荼地开始了。

当采掘的首批矿石被运往冶炼厂时，专家们断定他们采到的可能是美国西部罗拉地区藏量最大的金矿之一。达比仅仅用了几车矿石,便很快将所有的投资全部收回。

然而,有趣的是,美国淘金人达比万万没有料到,正当他们的希望在不断升高的时候,奇怪的事发生了:

金矿的矿脉突然消失!尽管他们继续拼命地钻探,试图重新找到矿脉,但一切都是徒劳。好像上帝有意要和达比开一个巨大的玩笑,让他的美梦从此成为泡影。万般无奈之际,他们不得不忍痛放弃了几乎要使他们成为新一代富豪的矿井。

接着,他们将全套机器设备卖给了当地一个收购废旧品的商人,带着满腹遗憾回到了家乡威廉堡。

就在他们刚刚离开后的几天里,收废品的商人突发奇想,决定去那口废弃的矿井碰碰运气。他请来一名采矿工程师考察矿井,只做了一番简单的测算,工程师便指出前一轮工程失败的原因,是由于业主不熟悉金矿的断层线。考察结果表明:更大的矿脉其实就在距达比停止钻探三英寸远的地方!

作为怀着同一梦幻的有心人,达比虽然付出了最大的努力,但他获取的却是罗拉地区最大金矿的一个小小支脉;收废品的商人虽然只花费了最小的代价,却通过一口废弃的矿井成功地拥有了最大金矿的全部。

由此看,前者是一种命运,后者也是一种命运。但正是在这两种截然不同的命运与遭际的背后,暗藏着一次完全相同的、对等的、冷漠而又灼人的机遇。

只不过，放弃机遇的人并不知道自己放弃的是机遇。而索求机遇的人恰恰知道机遇或许就要降临。

除此之外，机遇本身也知道自己最终只能属于那些与它有缘并对它一往情深的人。

2

运气人人都会有，但上帝没有告诉你它具体的到来时间。有些人运气到得早一点，煎熬少一点，有些人运气到得晚一点，也更辛苦一点。

每一个成功的人都知道获取成功不是一件简单的事情，它需要不断地付出艰辛的努力。只要能够坚持，只要不屈不挠，其实距离成功只有一步之遥。

曾经的英国首相丘吉尔曾说："要看到日出，就要坚持到拂晓；要看到成功，就要坚持到最后。成功的秘诀就在于坚持。"著名剧作家莎士比亚也说："千万人的失败在于做事不彻底，往往离成功还差一步便终止不再做了。"

如果参观过开罗博物馆，你会看到从图坦卡蒙法老王墓挖出的宝藏令人目不暇接。这座庞大建筑物的第二层楼大部分放的都是灿烂夺目的宝藏：黄金、珍贵的珠宝、饰品、大理石容器、战车、象牙与黄金棺木……巧夺天工的工艺至今仍无人能及。但如果不是霍华德·卡特决定再多挖一天，也许直至今日这些宝藏仍在地下不见天日。

1922年的冬天,卡特几乎放弃了可以找到年轻法老王坟墓的希望,他的支持者即将取消赞助。卡特在自传中写道:

"这将是我在山谷中的最后一季,我们已经挖掘了整整六季了,春去秋来毫无所获。我们一鼓作气工作了好几个月却没有发现什么,只有挖掘者才能体会到这种彻底的绝望感,我们几乎已经认定自己被打败了,正准备离开山谷到别的地方去碰碰运气。然而,要不是我们最后垂死的努力一锤,我们永远也不会发现这超出我们梦想所及的宝藏。"

卡特最后垂死的努力成了全世界的头条新闻,他发现了近代唯一一个完整出土的法老王坟墓。

一件事的成功与否,往往并不在于力量大小,而在于是否能坚持到最后一步。在某一段路上行走,到最后越是难走,但这最难走的最后一段路恰恰是最关键的一段,因为,也许你的下一脚,就会迈到成功的彼岸。可惜,不是所有人都能坚持到那最后一脚。总是有人在第九十九步时放弃,从而功亏一篑。

这种万事皆备,只差临门一脚,是十分不划算的,这就相当于吃一块中间夹着奶油的苦面包,你把所有苦头都吃尽了,等到终于有甜头可以吃时,却不敢再继续咬下去。

3

一位叫凯文·理查德的年轻人因为一次意外，被学校开除。

为了生存，他不得不跑到得克萨斯油田找了一份工作。工作一段时间后，他渐渐对野外钻探业产生了浓厚的兴趣，立志当一名独立的石油勘探商。

当腰包里攒了几千美元后，凯文·理查德就真的去租赁设备，钻井取油，但很遗憾，他第一次钻井就挑到了一口枯井。

不过，这并没有动摇凯文·理查德心中的理想。在接下来的两年中，每攒下一部分钱，他就去钻井。两年多的时间里，他打了29口井。可是，上帝似乎喜欢和他开玩笑，这些井全部都是枯井。

尽管遭遇种种不顺，凯文·理查德还是在坚守着自己的理想，他在自己的理想之路上艰难前行。可是，直到年近40，他还是一无所获。

在痛定思痛后，凯文·理查德专门去攻读了地质结构、油层模型以及其他方面的地质学知识，由此提高钻井的成功率。在理论知识的帮助下，他又租来一块地皮再一次进行钻探。

这一次，凯文·理查德的脚下不再是枯井，而是巨大的油藏。

凯文·理查德用坚定的信心战胜了"枯井"，找到了油藏。如果他在第29次打出枯井后放弃，那么他将永远无缘后来的油藏。但是可喜的是，他迈出了这一步，最终找到油藏，也找到了那个叫"成功"的宝藏。

因此，我们不要轻易说，自己已经尽力。看看曾经站在同一起跑线上的人，他们是不是已经远远把你落下，如果有人走在你的前方，你就应该相信你也可以再多走一步，再多试一次。也许，仅仅是这一步，就会让你悄然蜕变。

02.再难走的路，也抵不过傻傻的坚持

我们都渴望成功，但结果往往是只有极少数人站到了成功者的队伍中，大多数还是身居平庸者的行列。之所以如此，根本的原因在于前者做到了坚持，坚持，再坚持，而后者多是遇到困难就退缩，半途而废。

1

英国首相温斯顿·丘吉尔说："一个人绝对不可在遇到危险时，背过身试图逃避，这样做只会使危险加倍；但是，如果立刻面对它毫不退缩，危险便会减半。绝不要逃避任何事物，绝不！"

据说，人在登山的时候若是突然遇到风雨，最好的自救方法并不是迅速找个地方躲避，或是向山下跑，而是顶着风雨向山顶走。

登山家所持的理由是：往山下走，虽然风雨看起来小了一些，却可能会遇上爆发的山洪而被淹死；而躲起来则容易遭受土石流和山崩的袭击；只有往山顶走，风雨虽然大，却能回避大危险的侵袭，对生命的保障相对也大一些。

人生就像爬山，那些风雨就是我们可能遇到的困难，如果一味地逃避躲闪，我们就会被卷入洪流；而如果能勇敢地迎接它的到来，迎难而上，那么就有生存的可能，甚至还有可能看到美丽的彩虹。

一个人，只要有坚强的内心，不被别人的不理解和否定打倒，不被别人的歧视和逼迫击败，认真而努力地工作，就一定能从一个微不足道的小人物成长起来，逐渐修成正果，成为一个让大家刮目相看的能人。

任何时候，只要心还在坚持，就不可能真的一无所有！

2

美国海关的一次拍卖会上，拍卖的是一批刚刚被截获的走私自行车。

每当拍卖师叫价的时候，一个坐在前排的大约十岁左右的小男孩总是先叫道：10块。当然，别人并没有因为他出了10元，而放弃竞争，小男孩只能眼睁睁地看着别人用20块、30块的价格把一辆辆崭新漂亮的自行车拍走。

拍卖师渐渐地注意到了这个每次只叫价10美元的小男孩，于是在中场休息的时候，拍卖师走到小男孩面前问他为什么每次只出10元。小男孩不好意思地挠了挠头，说自己只有10元。

拍卖会继续进行，小男孩每次仍然只叫10元，依然看着别人把一辆辆自行车推走了。终于轮到了最后一辆自行车，这是拍卖会上最好的一辆自行车——车的前排有两盏灯，全自动的刹车和可多挡变速的车身在灯光下闪闪发光。

拍卖师开始叫价了，不过小男孩却沉默下来了，现场静悄悄的，没有一个人应声。拍卖师叫第二遍了，还是没人应价；第三遍，那个小男孩这时也几乎绝望了，他看着那辆全场最好看的自行车，最终还是小声地叫了出来："10块。"

全场的人都听到了，拍卖师把锤子重重地敲下去，大声地说：如果没人再叫价的话，这辆多变速的自行车就属于这位身着短裤的年轻小伙子了。

顿时，全场响起了雷鸣般的掌声……

其实，我们在面对困难时，也可以像小男孩一样，坚定地走自己的道路。这样，成功和喜悦一定会属于我们！

3

一对生长在农村的兄弟看到自己的伙伴纷纷到大城市打工，回来都是西装革履、出手阔绰，他们俩心里羡慕不已。看着自家破旧的房子，父母佝偻的身子，两人商量好，也要去城里谋条生路，好好打拼几年，挣了钱好好孝敬父母。

说干就干，他们拎着简单的行李，坐了两天两夜的火车，从遥远的、不知名的小村庄来到车水马龙、灯红酒绿的大城市。在火车站附近找到了个便宜的小酒店住下后，两人便出去寻找工作机会。可是，两个从农村出来的年轻人，在这个大城市一没关系、二没学历，找了好几天的工作，都落了个无功而返的下场。

眼看着带来的钱越来越少，再找不到工作的话，只能露宿街头了，兄弟俩心里焦急万分。这一天一大早，两人又来到贴招工告示的地方，想到年迈的父母浑浊而又充满期待的眼神，两个人心里充满了愧疚和无奈，不由得加快了搜寻告示的速度。

这时，一位大腹便便的中年人走到他俩面前，上下打量了他们一会儿，开口问道："小兄弟，我们这里在招销售员，你们有没有兴趣？"兄弟俩一听，连忙说："有兴趣，有兴趣！"他们没有想到，竟然会有人主动给他们提供工作机会，便迫不及待地跟着中年人来到他们的公司。原来，这是一家礼品公司，他们的工作就是到一个个社区、写字楼，上门推销小礼品。虽然待遇不高，但毕竟是一份工作,兄弟俩还是干得勤勤恳恳。

由于他们没有固定的客户,没有推销渠道,也没有任何关系,每天只能提着沉重的样品,跑到大街上及小区里推销礼品。一个多月时间很快过去了,他们跑断了腿,磨破了嘴,仍然处处碰壁,连一个钥匙链也没有推销出去。

无数次的失望磨掉了弟弟最后的耐心,他向哥哥提出两个人一起辞职,重找出路。哥哥语重心长地对弟弟说:"万事开头难,咱们再坚持一阵,没准下一次就有收获了。"弟弟不顾哥哥的挽留,毅然决然地从那家公司辞职了。

第二天,兄弟俩回到出租屋时却是两种心境:弟弟求职无功而返,哥哥却拿回来推销生涯的第一张订单。

一家哥哥四次登过门的公司要召开一个大型会议,向他订购了300多套精美的工艺品作为此次会议的纪念品,总价值20多万元。哥哥因此拿到2万元的提成,淘到了打工的第一桶金。

几年时间很快过去了,哥哥不仅拥有了汽车,还拥有一百多平方米的住房和自己的礼品公司。而弟弟的工作换了一个又一个,最后连穿衣吃饭都要靠哥哥帮助。

在一次聚餐的时候,弟弟向哥哥请教成功的秘诀。哥哥说:"其实,我现在所有的成就就在于我比你多了一份坚持与努力。"

他们原本天赋相当、机遇相同,他们的差距只是是否多坚持了一次,因此走上了迥然不同的人生之路。在生活中,不要埋怨机会不肯光临，扪心自问："我是不是为了自己的选择多坚持一下呢？"

坚持的意义就在于此——不但要努力，还要持续努力。

03.坚持做下去，直到成功来临

不是所有五彩缤纷的梦想都可以变成现实。当人生跌入低谷，当梦想被黑暗淹没吞噬，你是否还有勇气继续坚持，你是否还会对未来充满希望？磨难是成功的助推剂，坚持到底吧，也许明天成功就会向你招手。

1

怎样才能快乐地追求幸福？最直接、最普通的途径就是坚持走自己的路。

重复别人的路、轻言放弃，是很容易的。坚持自己认定的正确道路，坚定地走下去，你的人生会迎来另一片天空。

但是，有些人往往喜欢走捷径，走不通就会快速地换一条路,结果换来换去,几十年都没能走完其中的任何一条路。忙碌了一生,到头来还在路上。中国古代有个"愚公"的故事,他是英雄,他和他的儿孙们搬走了一整座大山;西方的贝多芬也是英雄,他坚信耳聋也能听到美妙的音乐,为此成了一代音乐大师。这些人都是选定了自己的路,然后坚定地走下去,并没有因为遇到困难就想换另外一条路。

一个半世纪以前,有一艘英国商船触礁沉没于马六甲海域,这艘从广州驶出的船上装满了中国的丝绸、瓷器及珍宝。

十多年前,一位名叫鲍尔的人偶然从某份资料上获此信息,于是下决心打捞这艘沉船。他在深深的海底摸索了漫长的8年,探索了七十多平方公里的海域,终于找到了这艘沉船。

然而,打捞的耗资是巨大的。打捞工作刚开始30天,就花去了几万元。鲍尔最初的两位合伙人认为无望,便离去了。其中有一位好友,几次加入又几次离去,并一次次地劝说鲍尔放弃这"疯狂"的念头。

后来,鲍尔对采访他的记者说,曾经自己也有过放弃的念头,每次精疲力竭地从海底潜回时,他都在想:永远不要再下去了。8年来,他为此耗尽巨资而债台高筑。但是,他终于坚持到了成功的这一天。

坚持的次数不用多,在我们的生命旅程中,只要有一次坚持,那就算是成功。而放弃的念头也绝不会少,对于曾经认定的事——事业、爱情、生命,只要放弃过一次就会再次放弃。因此,只要我们坚定追求目标,那成功的时刻就在眼前。

2

有一位工人住在拖车房屋里,周薪只有60元。他的妻子上夜班,但他们赚到的钱只能勉强糊口。他们的孩子耳朵发炎,却没钱治病。

这位工人想成为作家,业余时间都在不停地写作,打字机的声音不绝于耳。他的余钱全部用来付邮费,寄原稿给出版商和经纪人。但是他的作品全被退回。退稿信很简短,他甚至不敢确定出版商和经纪人究竟有没有真的看过他的作品。

一天,他读到一部小说,令他记起了自己的某本作品,于是他把作品的原稿寄给那部小说的出版商, 他们把原稿交给了皮尔·汤姆森。

几个星期后,他收到汤姆森一封热诚亲切的回信,说原稿的瑕疵太多。不过汤姆森相信他有成为作家的希望,并鼓励他再试试看。

在此后的18个月里,他又给编辑寄去两份原稿,但还是被退回来了。迫于生活压力,他开始放弃希望。

一天夜里,他把原稿扔进了垃圾桶。第二天,他妻子把它们捡了回来。"你不应该半途而废,"她告诉他,"特别是在你快要成功的时候。"

在他自己都不相信自己的时候，他的妻子选择相信他，因此他开始试写第四部小说。写完了以后，他把小说寄给汤姆森，他以为这次又会失败，可是他错了。

汤姆森的出版公司预付了2500美元给他，于是一部经典恐怖小说《嘉莉》诞生了。这本小说后来狂销500万册，并被拍成电影，成为1976年最受欢迎的电影之一。

这个人就是史蒂芬·金。

很多时候我们在面对困难时，只要再坚持那么一点点就能取得成功。很多时候就是差这么一步，结果却截然不同。生活中的那些失败者，很多都会停滞在离成功还有那么一点点距离的地方，可是那个地方仍然叫作失败。

3

我们在任何情况下都不能放弃，要有一股不达目的决不罢休的韧劲。只有坚定地走自己的路，只有耐得住寂寞、扛得住打击，才能拥有更精彩的人生。

相信自己的选择，坚持走自己的路，不要半途而废，这就是人生的一种境界。

美国有一位著名的广播员——莎莉·拉菲尔。在她30年的职业生涯中，曾经被辞退过18次，不过她每次都把眼光放在最高处，确立更远大的目标，坚持不懈地走自己所选择的路。

最初，美国多数的无线电台认为女性不能够吸引观众，于是没有一家电台愿意雇用她。之后，莎莉·拉菲尔好不容易在纽约的一家电台谋求到一份差事，不久又遭到辞退，说她跟不上时代。莎莉并没有因此而灰心丧气。她总结了失败的教训之后，又向国家广播公司电台推销她的节目构想。电台勉强答应了下来，但提出要她先在政治台主持节目。莎莉·拉菲尔不懂政治，一度犹豫，但最后，信心促使她进行了大胆的尝试。

由于她对广播早已轻车熟路了，于是就利用自己平易近人的长处，谈论即将到来的7月4日国庆节对她自己有何种意义，还请听众打电话来畅谈他们的感受。这种新颖的节目，即刻引起了听众的兴趣，她也因此一举成名。如今，莎莉·拉菲尔已经成为自办电视节目的主持人，曾两度获得重要的主持人奖项。她对采访的记者这样说："我被人辞退18次，本来会被这些厄运吓退，做不成我想做的事情。相反，我却把它们视为鞭策我前进的动力。"

选择一条路很容易，但是要坚持在这条路上走到底，就不是一件容易的事了。假如你向目标迈出了999步，但最终没有坚持着迈出最后一步，那么你依然是一个失败者。要知道，目的地只有一个，再近的点也不是终点，如果在距离终点很近的地方停下来，那将是多么可悲的一件事！

04.你敢不敢坚持十年做一件事

在自然界，有什么东西会比石头还硬，又有什么东西比水还软？然而，软水却可以穿石，因为坚持。

1

很多人经常抱怨诸事不公平，并且很难静下来，那是因为你想要的太多，而又不去坚持努力。当你想要做成一件事情，不妨努力去坚持，坚持一辈子很难，那就坚持十年，到时候你再看看自己是有多厉害！

开学的第一天，苏格拉底对学生们说："今天咱们只学一件最简单的事儿。每人把胳膊尽量往前甩，然后再尽量往后甩。"说着，苏格拉底做了一遍示范。

苏格拉底笑着问："从今天开始，每天做300下。大家能做到吗？"

学生们都笑了。这么简单的小事，谁会做不到呢？

过了一个月，苏格拉底问学生们："每天甩手300下，哪些同学坚持了？"有百分之九十的同学骄傲地举起了手。

又过了一个月，苏格拉底又问："每天甩手300下，哪些同学坚持了？"这回，坚持下来的学生只剩下八成。

一年过后，苏格拉底再次问大家："请告诉我，最简单的甩手运动，还有哪几位同学坚持了？"这时，整个教室里，只有一人举起了手。这个学生，就是后来成为古希腊为一立大哲学家的柏拉图。

苏格拉底语重心长地告诉学生们："世间最容易的事是坚持，最难的事也是坚持。说它最容易，是因为只要愿意做，人人都能做到；说它最难，是因为真正能做到的，终究是极少数的人。只要方向正确，成功有一个知易行难的奥秘，那就是：坚持、坚持、再坚持。"

这样的人虽然在赛程中不会被荣誉的光辉所笼罩，但却是最能鼓舞我们这些虽然平凡但拒绝平庸的人。

2

一位排名世界第一的保险推销员，即将告别他的推销生涯。应行业协会和社会各界的邀请，他将在这个城市最大的体育馆进行告别职业生涯的演说。

会场座无虚席，人们在热切地、焦急地等待着这位当代最伟大的推销员做精彩的演讲。终于，大幕徐徐拉开，舞台的正中吊着一个巨大的铁球。推销员在人们热烈的掌声中,走了出来,站在铁球的一边。他穿着一件红色运动服,脚下是一双白胶鞋。

人们惊奇地望着他,不知道他会做出什么举动。这时两位工作人员抬着一个大铁锤,放到他的面前。推销员对观众讲道:"请两位身体强壮的人,到台上来。"好多年轻人站起来,转眼间已有两名动作快的跑到台上。

推销员请他们用这个大铁锤去敲打那个吊着的铁球,直到把它荡起来。

一个年轻人抢着拿起铁锤,拉开架势,抡起大锤,全力向那吊着的铁球砸去,但伴随一声震耳的响声,那吊球却动都没动。他用大铁锤接二连三地砸向吊球,很快他就气喘吁吁。另一个人也不示弱,接过大铁锤把吊球打得叮当响,可是铁球仍旧一动不动。

台下逐渐没了呐喊声,观众好像认定那是没用的,就等着推销员做出什么解释。

会场恢复了平静,推销员从上衣口袋里掏出一个小锤,用小锤对着铁球"咚"地敲了一下,他停顿了一下,再一次用小锤"咚"地敲了一下。人们奇怪地看着,推销员就那样"咚"地敲一下,然后停顿一下,就这样持续地做。

10分钟过去了,20分钟过去了,会场早已开始骚动,有的人干脆叫骂起来,人们用各种声音和动作发泄着他们的不满。推销员仍然用小锤不停地敲着，他好像根本没有听见人们在喊叫什么。人们开始愤然离去，会场上出现了大片大片的空缺。留下来的人们好像也喊累了，会场渐渐地安静下来。

大概在推销员进行到40分钟的时候，坐在前面的一个妇女突然尖叫了一声："球动了！"刹那间会场鸦雀无声，人们聚精会神地看着那个铁球。那球以很小的摆度动了起来，不仔细看很难察觉。推销员仍旧一小锤一小锤地敲着，人们好像都听到了那小锤敲打吊球的声响。吊球在推销员一锤一锤的敲打下越荡越高，"呼呼"作响，它的巨大威力强烈地震撼着在场的每一个人。终于场上爆发出一阵阵热烈的掌声，在掌声中，推销员转过身来，慢慢地把那把小锤揣进兜里。

推销员开口讲话了，他只说："在成功的道路上，如果你没有耐心去等待成功的到来，那么，你只好用一生的耐心去面对失败。"

其实，这个世界最容易的事是坚持，最难的事也是坚持。说它容易，是因为只要愿意做，人人都能做到；说它最难，是因为真正能做到的，终究是极少数人。但只要你愿意坚持，你就有可能到达成功的彼岸。

3

当困难绊住你成功脚步的时候；当失败挫伤你进取心的时

候;当负担压得你喘不过气的时候,不要退缩,不要放弃,一定要坚持下去,因为只有坚持不懈,才能通向成功!

几年前,40岁的米·乔伊因公司裁员,失去了工作。从此,一家6口人的生活全靠他打零工挣钱来维持,经常是吃了上顿没下顿,有时甚至一天连一顿饱饭也吃不上。为了找到工作,米·乔伊一边外出打工,一边到处求职,但所到之处都以其年龄大或者单位没有空缺为理由,将其拒之门外。然而,米·乔伊并不因此灰心。他看中了离家不远的一家名为底特律的建筑公司,于是给公司老板寄去了第一封求职信。信中他并没有将自己吹嘘得如何有才干,也没有提出任何要求,只简单地写了这样一句话:"请给我一份工作。"

这家建筑公司的老板麦·约翰在收到这封求职信后,让手下人回信告诉米·乔伊:"公司没有空缺。"但他不死心,又给这家公司老板写了第二封求职信。这次他只是在第一封信的基础上多加了一个"请"字:"请请给我一份工作。"此后,米·乔伊一天给公司写两封求职信,每封信的内容都一样,只是在信的开头比前一封信又多加了一个"请"字。

3年间,米·乔伊一共写了2500封信。这最后一封信有2500个"请"字,接着还是"给我一份工作"这句话。见到第2500封求职信时,公司老板麦·约翰再也沉不住气了,亲笔给他回信:"请即刻来公司面试。"

面试时,公司老板麦·约翰愉快地告诉米·乔伊,公司里有项很适合他的工作：处理邮件，因为他很有耐心。

当地电视台的一位记者获知此事后，专程登门对米·乔伊进行了采访，问他：为什么每封信都只比上一封信多增加一个"请"字？

米·乔伊平静地回答："这很正常，因为我没有打字机，只能用手写。每次多加一个'请'字，是想让他们知道这些信没有一封是复制的，可以看出我的决心和诚意。"

这位记者又问公司老板："为什么录用了米·乔伊？"

老板麦·约翰幽默地回答："当你看到一封信上有2500个'请'字时，你能不受感动吗？"

如果是你，你会不会这样做？也许不会，那你或许就要与成功失之交臂了。

所以当我们遇到挫折时，请给自己一个信念：马上行动，坚持到底。成功者决不放弃，放弃者绝不会成功！我们要坚持到底，因为我们不是为了失败才来到这个世界的。所以当你打算放弃梦想时，告诉自己再多撑一天、一个星期、一个月、一年，你会发现，拒绝退场的结果往往令人惊讶。

只要方向正确，要想成功，就得用一个人尽皆知的方法，那就是：坚持、坚持、再坚持。

05.青春是自己的，请好好坚持

　　不要让别人的看法扰乱你的生活，更不要让别人的看法左右你的人生，因为人生的道路是自己走过的，别人只是你人生旅途中的一个匆匆过客，他们不会陪你走到最后，不会为你的行为买单，真正需要为你的行为买单的是你自己。

1

　　在你的成长过程中，你的父母、老师和身边的朋友也一定向你传达出各种信息，但不管怎样，你的人生终究还是需要自己负责的，没有人能一直替你做决定。而你的主见，是保证你不被他人左右、自己掌控命运的根基。不管你信任的那个人有多强大，有多聪明，你也不可以轻易怀疑自己。

　　有一天，一个少年走进一家鞋店，想要为自己定做人生的第一双皮鞋。

　　老鞋匠问他："你这双鞋子，是想要方头还是圆头呢？"少年觉得这两种都不错，不知道应该选择哪一种。于是，鞋匠让他回家好好考虑一下,考虑好了再过来。

过了几天,少年又走进这家鞋店。可是,当老鞋匠问起鞋子是做方头还是圆头时,他依然犹豫不决。最后,他对老鞋匠说:"你给人做了这么多年鞋子,一定很有经验,不如你就给我拿主意吧!"老鞋匠看他实在不能做决定,就答应说:"知道了,过几天你来取鞋子吧!"

当少年去取鞋子时,他发现老鞋匠给他做的鞋一只是方头的,一只是圆头的。他非常惊讶:"你怎么为我做了这样的一双鞋呢?"老鞋匠平静地看着他说:"既然你让我来决定,当然是我想要做成怎样就做成怎样了,不是吗?我只是想告诉你,别总让别人替你做决定。"

少年收下了这双不能穿的鞋,也收下了一条重要的人生守则:自己的事要自己拿主意。如果自己没有主见,把决定权拱手让给别人,那么,一旦别人替你做了决定,倘若结局很糟糕,你就是后悔也来不及了;就算是个很好的结局,可能也未必是你想要的。

不仅仅是订做一双鞋要自己做决定,只要关乎自己人生的每一件事情,都要自己来做决定。每一个年轻人都应该深知此道理:在你成长的道路上,没有人能代替你成长,你自己的人生还得由你做主。

2

一个小男孩很想当画家，却一点主见都没有，而且很不自信。每画完一张画，他都要问家人，画得怎么样，哪些地方需要修改。这天，他又完成了一幅有山、有水、有屋子的画，拿给家人看。

爸爸看了他的画，遗憾地说："哦，画得有点僵硬，应该把房子的颜色改成白色，那样会显得高贵一点。"男孩听了，就按照爸爸的意见做了修改。

然后，他又把画拿给妈妈看。妈妈看完，抚摸着他的头说："颜色太单调的东西没人爱看，你应该改得艳丽一点。"男孩又采纳了妈妈的意见。

当哥哥看到他的画时，建议道："我爱看抽象画，不如把你的画改得更加抽象一点吧！"男孩赶紧按哥哥的意见改成了抽象画。

当男孩把画拿给姐姐看的时候，姐姐惊叫了起来："你拿张被染料弄脏的破纸给我做什么？别弄脏了我的衣服！"

男孩摸摸脑袋，怎么也想不明白："明明是一幅有山、有水、有屋子的画，怎么就变成一张脏纸了？"

男孩把所有的时间都用在了采纳别人的意见上，他想通过别人的意见让自己的画更完美，可遗憾的是，偏偏每个人的意见都不同。别人的意见不仅没有帮助他得到提升，反而让他好好的一幅画变成了废纸。一味地听信于人，让他丧失了自己。

自己拿主意,当然并不是一意孤行,孤芳自赏,而是忠于自己,相信自己,不轻易被别人的思想所左右。但是生活中,人人都难免有从众心理,常常会为了顾及面子而依附于他人的思想和认知,从而失去独立的判断力,处处受制于人。这真是一种莫大的悲哀,所以,我们要有自己的主见,不可盲目地追随别人。

3

每个人都会在乎别人的看法,但是,任何事物都有一个"度",一旦你常常让别人的看法代替自己的看法,这就是一个危险的信号了。虽然人都是群居动物,但是人生的路还要靠自己走,如果你一味地人云亦云,被人牵着鼻子走,最后迷失的一定是自己,得不偿失。

学生向苏格拉底请教如何才能坚持真理,苏格拉底让大家坐下来。他拿着一个"苹果",慢慢地从每个同学的座位旁边走过,一边走一边说:"请同学们集中精力,注意嗅空气中的气味。"

然后,他回到讲台上,把"苹果"举起来左右晃了晃,问:"有哪位同学闻到苹果的味儿了?"有一位学生举手站起来回答说:"我闻到了,是香味儿!"

苏格拉底又问:"还有哪位同学闻到了?"学生们你看看我,我看看你,都不作声。苏格拉底再次举着"苹果",慢慢地从每一个学生的座位旁边走过,边走边叮嘱:"请同学们务必集中精力,仔细嗅一嗅空气中的气味。"

回到讲台上后,他又问:"大家闻到苹果的气味了吗?"这次,绝大多数学生都举起了手。稍后,苏格拉底第三次走到学生中间,让每位学生都嗅一嗅"苹果"。回到讲台后,他再次提问:"同学们,大家闻到苹果的味儿了吗?"他的话音刚落,除一位学生外,其他学生全部举起了手。那位没举手的学生左右看了看,也慌忙地举起了手。他的神态,引起了一阵笑声。苏格拉底也笑了:"大家闻到了什么味儿?"学生们异口同声地回答:"香味儿!"

苏格拉底脸上的笑容不见了,他举起苹果缓缓地说:"非常遗憾,这是一个假苹果,什么味儿也没有。"

人都有从众心理,面对外界事物做出判断时,尽管一开始有自己的主张,可周围支持另一种主张的人多了的时候,他就会认为自己的选择是错误的,心理的堤岸崩溃了,转而改变立场。苏格拉底的这个故事,挖掘出了人性的弱点——迷信权威,盲目从众,不相信自己。这样不但会使人错失很多亲身认识事物真相的机会,甚至会歪曲事物的真相。

4

追随别人是为了更容易地前行,但不管方向只会盲目追随的人,注定什么也得不到。在我们生活的这个世界里,总有那么一小拨幸运的人,他们很早就发现了生活的真相,精彩地活着。

他们知道如何追求自己成功的生活，而不是像大多数人那样听从别人该过怎样的生活，于是尽力仿效，还唯恐模仿得不够像。

世间曾有一个小丑，一直很快乐地生活着。但渐渐地有些流言传到了他的耳朵里，说他被公认为是个极其愚蠢、非常鄙俗的家伙。小丑窘住了，开始忧郁地想：怎样才能制止那些讨厌的流言呢？

突然，一个想法使他的脑袋瓜开了窍……于是，他立即把他的想法付诸行动。

他在街上碰见了一个熟人，那熟人夸奖起一位著名的色彩画家。"得了吧！"小丑提高声音说道，"这位色彩画家早已经不行啦！您还不知道这个吗？我真没想到您会这样，您是个落伍的人啦！"那个熟人感到吃惊，并立刻同意了小丑的说法。

"今天我读完了一本多么好的书啊！"另一个熟人告诉他说。

"得了吧！"小丑提高声音说道，"您怎么不害羞？这本书一点意思也没有，大家很早之前就不看这本书了。您还不知道这个？您是个落伍的人啦！"

这个熟人也感到吃惊，但也同意了小丑的说法。

"我的朋友杰克真是个非常好的人啊！"第三个熟人告诉小丑说，"他真是个高尚的人！"

"得了吧！"小丑提高声音说道，"杰克明明就是很卑鄙的人，他侵占过所有亲戚的东西。谁还不知道这个事呢？您是个落伍的人啦。"

第三个熟人同样感到吃惊，也同意了小丑的说法，并且不再同杰克来往。总之，人们在小丑面前无论赞扬谁和赞扬什么，他都无一例外地驳斥。

有时候，他甚至还以责备的口气补充说道："您至今还相信权威吗？"

"好一个坏心肠的人！一个好毒辣的家伙！"他的熟人们开始谈论起小丑了，"不过，他的脑袋瓜多么不简单！"

"他的嘴也不简单！"另一些人又补充道，"哦，他简直是个天才！"

最后，一家报纸的出版人，请小丑到他那儿去主持一个评论专栏。

于是，小丑开始批判一些人和一些事，丝毫没有改变自己惯用的嘲讽语气和自己趾高气扬的神态。

现在，他这个曾经大喊大叫反对过权威的人——自己也成了一个权威了，而年轻人正在崇拜他，而且害怕他。

你一定会说，这些年轻人真是可怜啊，可怜得有点愚蠢。虽然这个故事有点夸张，但事实上，你有没有想过，有时候，自己也有过类似这些年轻人的行为。比如，在对一件事发表看法的时候，你从来都是附和所谓"权威"人物的观点，而不敢大胆说出自己的想法，再比如，在为人处事的过程中你经常按别人的反应来决定，而不是按照自己的意愿去决定等等。这是不自信的表现，也是虚荣心在作祟，你已经成了上面故事中崇拜小丑的"俗人"，丧失了按照自己意愿生活的能力。

一位通晓做人的内在法则的人士指出："当别人对你说'快看这儿！'或'快瞧那儿'的时候，请你不要盲目地追随他们，因为幸福世界就在你的心中。"其实，何止是幸福呢，包括做人做事都是这样，你不能在听了别人对自己的看法后，就依附他们的喜好来改变自己，你要按照自己的个性生活，尽情地去展示自己的天性和美丽，而不是盲目地追随别人。

无论遇到任何事情，都要坚持自己的主见，不要把自己的命运交给别人把控，因为对于所有人而言，未来的事情都是未知的。这一点，别人和你没有任何差别。既然你都有勇气接受别人对未知的判断，为什么就没有勇气接受自己的判断呢？把自己的未来交给别人，是不是对自己的不负责呢？所以，不妨试着为自己做决定吧！即便失败了，也不要怕，因为这对你而言，未必不是一种收获。

在我们的人生中，我们会面临很多次选择，但是，如果你缺乏主见，将每一次选择的机会拱手让人，那么，你最终收获的将不是你最初想要的人生。人的生命只有一次，上天绝不会给你重新来过的机会，所以，不如趁你还年轻，趁你还能掌控命运时，为自己的人生做主，对自己的人生负起责任来！

Part 6

你若不勇敢,脆弱给谁看

◆ ◆ ◆ ◆

　　也许你有些害怕,于是你不想长大,但很多我们不想经历的,终究还是要经历,长大了就是长大了,就要承受很多东西。人生,从来都是苦大于乐、福少于难的,你得学会苦中作乐,因为如果你不坚强,没人替你勇敢。

01.鼓足勇气,才能成功

生活就是这样,有时意料之中,有时意料之外。不过悲也好,喜也好,你都得活着,都要面对,等你的年龄到了有足够资格回味往事之时,你会发现,那正是你的人生。而这一路陪你走来的,不是金钱、不是欲望、不是容貌,恰恰就是你那颗坚强的心。

1

世界顶尖电影巨星史泰龙,他的父亲是一个赌徒,母亲是一个酒鬼。他在家庭暴力中长大,父亲赌输了,对母亲和他拳脚相向;母亲喝醉了也拿他出气,他常常满身伤痕。因此,在他的脸上看不见笑容,学习成绩也不好。高中辍学后,便在街头当混混儿。直到20岁的时候,一件偶然的事刺激了他,使他醒悟:"不能,不能这样做。如果这样下去,岂不是会成为像父母一样的人吗?成为社会垃圾,人类的渣滓,带给别人、留给自己的都是痛苦。不行,我一定要成功!"

他下定决心,要走一条与父母迥然不同的路,活出个人样来。但是做什么呢?他长时间思索着。从政,可能性几乎为零;进大企业去发展,学历和文凭是目前不可逾越的高山;经商,又没有本钱……他想到了当演员——当演员不需要文凭,更不需要本钱,一旦成功,却可以名利双收。但是他显然不具备当演员的条件,长相就很难使人有信心,又没接受过任何专业训练。然而,他认为当演员是他今生今世唯一出头的机会,决不放弃,一定要成功!

于是,他来到好莱坞,找明星、找导演、找制片……找一切可能使他成为演员的人,处处哀求:"给我一次机会吧,我要当演员,我一定能成功!"

很显然,他一次又一次被拒绝了。但他并不气馁,他知道,失败定有原因。每被拒绝一次,他就认真反省、检讨、学习一次。他告诉自己一定要成功,不幸的是,两年一晃就过去了,钱花光了,他只能在好莱坞打工,做些粗重的零活。

他暗自垂泪,甚至失声痛哭。他想:"难道真的没有希望了吗?难道赌徒、酒鬼的儿子就只能做赌徒、酒鬼吗?不行,我一定要成功!既然不能直接成功,能否换一个方法。"他想出了一个"迂回前进"的思路:先写剧本,待剧本被导演看中后,再要求当演员。幸好现在的他已经不是刚来时的门外汉了。两年多的耳濡目染,每一次拒绝都是一次口传心授、一次学习、一次进步。因此,他已经具备了写电影剧本的基础知识。

一年后,剧本写出来了。他又拿去遍访各位导演,"这个剧本怎么样,让我当男主角吧!"普遍的反映都是剧本还可以,但让他当男主角,简直是天大的玩笑。他再一次被拒绝了。

他不断对自己说:"我一定要成功!也许下一次就行,再下一次、再再下一次……"就在他被拒绝了1300多次后,突然有一天,一个曾拒绝过他20多次的导演对他说:

"我不知道你能否演好,但我被你的精神所感动。我可以给你一次机会,但我要把你的剧本改成电视连续剧,同时,先只拍一集,就让你当男主角,看看效果再说。如果效果不好,你便从此断绝这个念头吧!"

为了这一刻,他已经做了3年多的准备,终于可以一试身手了。机会来之不易,他不敢有丝毫懈怠,全身心地投入。第一集电视剧就创下了当时全美最高收视纪录——他成功了!

意大利著名记者法拉齐说:"人只要有勇气,就没有办不成的事。"成功者不比普通者更有运气,只是比普通者更能延续最后5分钟的勇气。

2

人生好比一座山峰,需要我们去攀登。在攀登的过程中,有悬崖也有峭壁,这时就需要我们有攀登的勇气。勇气是成功的前提,拥有勇气,你就向成功迈进了一大步。所谓的成功者,他们与其他人唯一的区别就在于,他们愿意全身心地去做别人不愿意做的事。所以,成大事其实只需要那么一点点勇气。

强者从来不知道什么叫失败。他们让人敬佩的地方正是那屡败屡战、越战越勇,坚信一定会取得胜利的勇气。

很多时候,也许正是因为我们缺乏面对灾难的勇气,才使艰难险阻挡在面前让我们无法前进。那些能够巧妙地绕开灾难的人,只能算是被动的适应者,只有能克服困难前进的才算是真正的勇者。

3

英国19世纪女作家乔治·艾略特曾说:"犹豫代表了胆怯,意味着害怕失败,而丧失勇气去尝试的同时亦失去了唯一一点你可能成功的理由。"

人的一生是短暂的,如果到了生命的最后时刻才理解不能犹豫,已经晚矣。在这短暂的生命中,带着勇气去敲响成功的大门,你就有成功的希望。要做个成功者,你必须在遇到紧急情况时勇敢面对,坚持下来。只要你积极地为克服困难而努力,就会有机会找出新出路,要相信,勇敢出才干。

米老鼠和唐老鸭的创作者沃尔特·迪士尼不但画出了风靡全球的经典卡通人物米老鼠和唐老鸭,还以它们为主角拍摄了有声动画片和彩色动画片,并且为这些银幕卡通形象建造了迪士尼乐园,造就了一个卡通娱乐王朝。然而,迪士尼的成功之路却并非一帆风顺的。虽然他一再向他人展示和证明他自己的作品，却也经历了一次又一次的挫折和打击。

沃尔特·迪士尼在上小学时，就痴迷于绘画和冒险小说，他喜欢读马克·吐温的《汤姆·索亚历险记》，更喜欢天马行空地进行创作。在一次绘画课上，沃尔特·迪士尼充分地发挥自己的想象力，把一盆花的花朵都画成了人脸，把叶子画成了人手，并且每朵花都有各自的表情。然而，循规蹈矩的老师根本就不理解孩子心中那个奇特的世界，竟然认为沃尔特·迪士尼是在胡闹，并把沃尔特·迪士尼拎到讲台上狠训了一顿。值得庆幸的是，这位老师并没改掉沃尔特·迪士尼乱画的这个"毛病"。

中学时期，沃尔特·迪士尼负责校刊中的漫画，他总喜欢在漫画中体现自己的想法。这时，第一次世界大战爆发了，中学刚毕业的沃尔特·迪士尼为了见见世面，报名当了一名志愿兵，去欧洲做了一名汽车驾驶员。闲暇时，他经常创作漫画作品，并寄给国内的幽默杂志。然而，他的作品无一例外地都被退了回来，理由是：作品太平庸，作者缺乏才气和灵性。但是，沃尔特·迪士尼却对自己信心满满，并决定日后要成为一名漫画家。

战争结束后，沃尔特·迪士尼决定要去实现他的画家梦。于是，他来到了堪萨斯市，费尽心思找了一份画家的工作，却因缺乏绘画能力而被辞退。随后，又先后成立了一家美术公司和动画公司，但都以失败告终。

几经挫折后，沃尔特·迪士尼和他的哥哥在一个废弃的仓库里，又重新成立了一家公司。就在这家公司成立的当年，米老鼠在沃尔特·迪士尼的笔下诞生了。此后历经坎坷，沃尔特·迪士尼又陆续创造出唐老鸭、匹诺曹、白雪公主和七个小矮人的形象。同时，他先后制作出受人欢迎的动画短片和动画长片。特别是制作有声彩色动画长片《白雪公主》时，他将这部动画片长设定为一个半小时的长度，而当时的短片大多只有十几分钟。这部片子投资巨大，沃尔特·迪士尼不得不把前几年赚的钱都投进去，还将自己的片厂抵押了出去。这个举动让所有的人包括沃尔特·迪士尼的哥哥，都认为他准是疯了。然而，在他人的冷嘲热讽中，这部在当时看来超长的动画片大获成功，实现了票房和口碑的双赢，成为动画片史上的一个里程碑。

《纽约时报》这样评价沃尔特·迪士尼："沃尔特·迪士尼白手起家，仅凭着一点绘画才能，永远不被认可的天赋想象力，以及百折不挠的决心，成为好莱坞最优秀的创业者和全世界最成功的漫画大师。"确实如此，沃尔特·迪士尼的成功，就在于他不顾他人的否定和嘲笑，勇于不断地主动出击。

那些成功的人，即使失败了100次，也会发起第101次冲击，只要有一口气，他就会努力去拉住成功的手，除非上天剥夺了他的生命。奋斗者，破产只是一时；而不去奋斗，则必将贫穷一生。只要你没有失去勇气，敢于拼搏，就一定会取得成功。

02.机遇突降，不是礼让的时候

善于抓住机遇的人，凭借这个转折点开创了自己的辉煌人生，成为春风得意的佼佼者；而更多的人却没能够抓住机会，只能碌碌无为地度过一生。

1

机遇真是一种很奇妙的东西。它就像一个小偷一样，来的时候没有踪影，走的时候却会让你损失惨重。只有果断出手，抓住机遇，才有机会改变我们的人生，使自己有一个更光明的未来。

19世纪中叶，美国人在加利福尼亚州发现了金矿，这个消息就像长了翅膀，很快就吸引了很多的美国人。在通往加利福尼亚州的每一条路上，每天都挤满了去淘金的人。他们风餐露宿，日夜兼程，恨不得马上就赶到那个令人魂牵梦萦的地方。

在这些做着美梦的人流中，有一个叫菲利普·亚默尔的年轻人，他当年才17岁，是一个毫不起眼的穷人。就是这个年轻人，后来却干出了令所有人都震惊的事情。

菲利普·亚默尔怀着"黄金梦"到了加利福尼亚州，可是不久之后，他的梦就破灭了：各地涌来的人太多了。茫茫大荒原上挤满了采金的人，吃饭、喝水都成了大问题。刚开始时，亚默尔也跟其他人一样，整天在烈日下拼命地埋头苦干，一天下来口干舌燥的。

亚默尔很快就意识到，在这里，水和黄金一样贵重。他曾经不止一次地听人说："谁给我一碗凉水，我就给他一块金币！"可是很多人都被金灿灿的黄金迷住了，没有人想到去找水。

亚默尔想到了，他很快就下了决心，不再淘金了，弄水来卖给这些淘金的人，赚淘金者的钱。卖水其实很简单，挖一条水沟，把河里的水引到水池里，然后用细沙过滤，就可以得到清凉可口的水了。他把这些水分装在瓶里，运到工地上去卖给那些口干舌燥的人。那些人一看到水，全都蜂拥而至，纷纷慷慨解囊，拿出自己的辛苦钱来买亚默尔的水解渴。

看到亚默尔的举动，很多淘金者都感到很可笑：这傻小子，千里迢迢跑到这里来，不去挖金子，而干这种玩意儿，没出息！

亚默尔决定卖水就是一个大胆的决策，他自然不会被这些话吓回去，依然坚持不懈地每天在工地上卖水。

经过一段时间，很多淘金者的热情减退了，本钱用完了，血本无归，两手空空地离开了加利福尼亚。亚默尔的生意也越来越少，他也应该走人了。

这时,他已经净赚了6000美元,在那个年代,拥有这些金钱已经算是一个小小富翁了。

每个人在一生中都有成功的机会,但大多数人不会成功。他们不是没有能力,不是没有理想,也不是不愿为之付出代价,而是缺乏成功的至关重要因素——抓住机遇的能力。善于抓住机遇的人,凭借这个转折点开创了自己的辉煌人生,成为春风得意的佼佼者;而更多的人却没能够抓住机会,只能碌碌无为地度过一生。能否抓住改变人生的机会,是决定成败的关键。

2

生活中,总有一些人时时哀叹命运的不公,总说别人遇到的都是明媚的阳光、和煦的春风,而自己碰到的都是冰天雪地、寒霜冷雨,大有怀才不遇、生不逢时之感。果真如此吗?

其实不然。上帝对待每一个人都是公平的,在给予别人成功机遇的同时,也在给予你同样的机遇。但是机遇往往是不知不觉出现的,即使出现了,也往往是稍纵即逝。

终生平庸的约翰死后去见上帝,上帝查看了一遍他的履历,很不高兴地说:"你在人间活了60多年,怎么一点儿作为都没有?"

约翰辩解说:"主呀,是您没有给我机会。如果让那个神奇的苹果砸在我的头上,发现万有引力定律的就不是牛顿,而是我了。"

上帝说:"我给大家的机会是一样的,是你自己没有抓住机会。"于是把手一挥,时光倒流回到了几十年前的苹果园。

上帝摇动苹果树,一只苹果正好落到约翰的头上,约翰捡起苹果用衣襟擦了擦,几口就把苹果吃掉了。

上帝摇了摇头说:"不会抓住机会的人啊,再给你一百次机会也没有用。"

其实老天很公平,每个人都会遇到自己的"机会苹果",当你意识到出现机遇的时候,一定要抓住它,千万不要掉以轻心,就算困难再大,也不能轻言放弃。

3

有很多人都在苦苦等待机会降临到自己的身上。殊不知,一味地等待机会的降临是一种多么无知而可笑的想法。我们千万不要以为机会像是一个到家里来的客人,它会在我们的家门口敲门,等待我们去开门把它迎接进来。如果仅凭这种祈求和等待,那么我们将永远也没有机会,永远也不可能成功。

一天,一个贵族的府邸——西格诺府邸正要举行一场盛大的宴会,主人邀请了一大批客人。就在宴会开始的前夕,负责在餐桌布置点心的制作人员派人来说,他设计用来摆放在桌子上的那件大型甜点饰品不小心弄坏了,管家急得团团转。

这时，西格诺府邸厨房里干粗活的一个仆人走到管家的面前怯生生地说道："如果您能让我来试一试的话，我想我能造一件来顶替。"

"你？"管家惊讶地喊道，"你是什么人，竟敢说这样的大话？"

"我叫安东尼奥·卡诺瓦，是雕塑家皮萨诺的孙子。"这个脸色苍白的孩子回答道。

"小家伙，你真的能做吗？"管家将信将疑地问道。

"如果您允许我试一试的话，我可以造一件东西摆放在餐桌中央。"孩子稍微镇定一些。

仆人们这时都显得手足无措了。于是，管家就答应让安东尼奥去试试，他则在一旁紧紧地盯着这个孩子，注视着他的一举一动，看他能想出什么办法来。这个厨房的小帮工不慌不忙地要人端来了一些黄油。不一会儿工夫，不起眼的黄油在他的手中变成了一只蹲着的巨狮。管家喜出望外，惊讶地张大了嘴巴，连忙派人把这个黄油塑成的狮子摆到了桌子上。

晚宴开始了。客人们陆陆续续地被引到餐厅里来。这些客人当中，有威尼斯最著名的实业家，有高贵的王子，有傲慢的王公贵族们，还有眼光挑剔的专业艺术评论家。但当客人们一眼望见餐桌上卧着的黄油狮子时，都不禁交口称赞起来，纷纷认为这是一件天才的作品。他们在狮子面前不忍离去，甚至忘了自己来此的真正目的是什么了。结果，这个宴会变成了对黄油狮子的鉴赏会。客人们在狮子面前情不自禁地细细欣赏着，不断地问西格诺·法列罗,究竟是哪一位伟大的雕塑家竟然肯将自己天才的技艺浪费在这样一种很快就会熔化的东西上。法列罗也愣住了,他立即喊管家过来问话,于是管家就把小安东尼奥带到了客人们的面前。

当这些尊贵的客人们得知,面前这个精美绝伦的黄油狮子竟然是这个孩子仓促间做成的作品时,都不禁大为惊讶,整个宴会立刻变成了对小安东尼奥的赞美会。富有的主人当即宣布,将由他出资给孩子请最好的老师,让他的天赋充分地发挥出来。

但安东尼奥没有被他们的宠幸冲昏头脑,他依旧是一个淳朴、热切而又诚实的孩子。他孜孜不倦地刻苦努力着,希望把自己培养成为皮萨诺门下一名优秀的雕刻家。

也许很多人并不知道安东尼奥是如何充分利用第一次机会展示自己的才华的。然而,却没有人不知道后来著名雕塑家卡诺瓦的大名,也没有人不知道他是世界上最伟大的雕塑家之一。

机会就像是一个飞翔的天使,她从一个窗口飞进来的时候,很容易从其他的窗口再飞出去,如果我们不懂得珍惜和把握,那么我们就会后悔。

命运喜欢青睐懂得把握机会的人,这些人都对机会有着超强的观察能力,即使机会很渺小,他们也会努力去把握。

03.人生没有候场,你确定还要继续等

时间就是生命, 时间不是用来等待, 而是用来穿越和行动的。如果你没有一个好的开始,不妨试试一个坏的开始吧。因为一个坏的开始,总比没有开始强。如果说一个好的开始等于成功的一半,那么坏的开始至少等于成功的三分之一,与其在等待中枯萎,不如在行动中绽放。人生没有等待中的美丽,只有走出来的辉煌!

1

生活中, 不乏这样的人:他们躺在床上想象着自己多么成功,未来取得了多么伟大的成就。这些人只知道想象,却从来不知道把这种想象付诸行动。要知道,任何一个有成就的人,都有勇于尝试的经历。因为尝试就是探索,如果没有探索也就没有创新,而没有创新就不可能会有成就。所以,一个整天处于想象中的人,是不会有绚烂精彩的人生的。即便有,那也只是在自己的梦里。

三个旅行者徒步穿越喜马拉雅山,他们一边走一边谈论一堂励志课上讲到的凡事必须付诸实践的重要性。他们谈得津津有味,以至于没有意识到天太晚了,等到饥饿时,才发现仅有的一点食物就是一块面包。

这几位虔诚的教徒,决定不讨论谁该吃这块面包,他们要把这个问题交给老天来决定。这个晚上,他们在祈祷声中入睡,希望老天能发一个信号过来,指示谁能享用这份食物。

第二天早晨,三个人在太阳升起时醒来,又在一起谈开了。

"我做了一个梦,"第一个旅行者说,"梦中我到了一个从未去过的地方,享受了有生以来我一直孜孜以求而从未得到的难得的平静与和谐。在那个乐园里面,一个长着长长胡须的智者对我说:'你是我选择的人,你从不追求快乐,总是否定一切,为了证明我对你的支持,我想让你去品尝这块面包。'"

"真奇怪,"第二个旅行者说,"在我的梦里,我看到了自己神圣的过去和光辉的未来。当我凝视这即将到来的美好时,一个智者出现在我面前,说:'你比你的朋友更需要食物,因为你要领导许多人,需要力量和能量。'"

然后,第三个旅行者说:"在我的梦里,我什么都没有看见,哪儿也没有去,也没有看见智者。但是,在夜晚的某个时候,我突然醒来,吃掉了这块面包。"

其他两位听后非常愤怒:"为什么你在做出这项自私的决定时不叫醒我们呢?"

"我怎么能做到？你们俩都走得那么远，找到了大师，又发现了如此神圣的东西。昨天我们还在讨论励志课上学到的要采取行动的重要性呢。只是对我来说，老天的行动太快了，在我饿得要死时及时叫醒了我！"

2

生活中，每一个成功者都有三个共同的特点：一是敢想，二是敢做，三是能做。敢想并不是指天马行空地乱想，而是要根据现实的情况，给自己定下一个明确的目标；敢做也不是指违法乱纪，不择手段，而是指一种坚持、执着的态度，不达目的不罢休的韧劲；而能做则是指只要愿意，就努力地前进。

安东尼·吉娜是目前纽约百老汇中最年轻、最负盛名的演员之一，她曾在美国著名的脱口秀节目《快乐说》中讲述了她的成功之路。

几年前，吉娜是大学里艺术团的歌剧演员。那时她就向人们展示了一个璀璨的梦想：大学毕业后先去欧洲旅游一年，然后要在百老汇成为一位优秀的主角。

第二天，吉娜的心理学老师找到她，尖锐地问了一句："你旅游后去百老汇跟毕业后就去有什么差别？"吉娜仔细一想："是呀，赴欧旅游并不能帮我争取到百老汇的工作机会。"于是，吉娜决定一年以后就去百老汇闯荡。

　　这时,老师又冷不丁儿地问她:"你现在去跟一年以后去有什么不同?"吉娜有些犹豫了,想想那个金碧辉煌的舞台和那双在睡梦中萦绕不绝的红舞鞋,她情不自禁地说:"好,给我一个星期的时间准备一下,我就出发。"老师却步步紧逼:"所有的生活用品在百老汇都能买到,为什么非要等到下星期动身呢?"

　　吉娜终于说:"好,我明天就去。"老师赞许地点点头,说:"我马上帮你订好明天的机票。"

　　第二天,吉娜就飞赴全世界最巅峰的艺术殿堂——纽约百老汇。当时,百老汇的制片人正在酝酿一部经典剧目,几百名各国演员前去应征主角。按当时的应征步骤,是先挑选出十来个候选人,然后让他们按剧本的要求表演一段主角的念白。这意味着要经过百里挑一的艰苦角逐。

　　吉娜到了纽约后,并没有急于去美发店漂染头发和买靓衫,而是费尽周折从一个化妆师手里拿到了将排的剧本。这以后的两天中,吉娜闭门苦读,悄悄演练。初试那天,当其他应征者都按常规介绍着自己的表演经历时,吉娜却要求现场表演那个剧目的念白,最终以精心的准备出奇制胜。

　　就这样,吉娜来到纽约第三天,就顺利地进入了百老汇,穿上了她演艺人生中的第一双红舞鞋。

　　有人说过这样一句话:"勇于尝试,在某件事上栽跟头可能是预料之中的事;但是,从来没有听说过,任何坐着不动的人会被绊倒。"诚然,敢想敢做的人,必然会经历一些挫折,但是那些没有勇气去将自己的所想付诸行动的人，是永远都体会不到打拼过程中的乐趣的。要知道，受到一定程度的挫折也是自己的一笔宝贵财富。

3

很多时候，我们在做某件事之前，喜欢用一堆理论来分析，但事实上理念并没有多少实际参考价值，最后还是要靠数据和结果说话，这样才能够给你最真实的答案。那么如何才能得到想要的结果呢？那就是亲自去实践。通用公司总裁杰克·韦尔奇说："口头上的议论并没有多少实际意义，在衡量某个计划是否可行时，最简单的方法是去做这件事。"

哥伦布在求学期间曾经读到过一本毕达哥拉斯的著作，在这本书中，毕达哥拉斯说："地球是圆的。"哥伦布深深地记住了这句话。

经过很长时间的思考之后，哥伦布觉得地球如果是圆的，那么他通过向西航行也可以到达印度。很多有"常识"的哲学家和大学教授都嘲笑他的幼稚想法，他们告诉他："地球不是圆的，是平的。"进而警告他说，如果他一直向西航行，他的船只将行驶到地球边缘而掉下去。

然而，哥伦布却对大学教授和哲学家们的警告不以为然，依然非常自信。可惜的是，他家境贫困，没有钱去实现自己这个冒险的想法。他不得不到其他人那里寻求经济支助,但他一连等了17年都没有人愿意帮助他。他决定不再等下去,于是起程去见西班牙王后伊莎贝拉,沿途穷得竟以乞讨为生。王后赞赏他的理想,并答应赐给他船只,让他去从事这项冒险的事业。但是,水手们都怕死,没人愿意跟随他去,于是哥伦布鼓起勇气跑到海滨,拉住了几位水手,先向他们哀求,接着是劝告,最后又用恫吓手段逼迫他们跟随自己出海。然后他又请求王后释放了狱中的死囚,允许他们在冒险成功后,可以恢复自由。

1492年8月,当把一切都准备妥当后,哥伦布率领3艘帆船,开始了一次划时代的航行。

不料出师不利,刚航行几天,他们的船队之中就有两艘船漏了,接着船队又在几百平方公里的海藻中陷入了进退两难的险境。没有办法,哥伦布亲自下水拨开海藻,船队才得以继续航行。他们在浩瀚无垠的大西洋中航行了六七十天,也不见大陆的踪影,水手们都绝望了,他们要求返航,否则就要把哥伦布杀死。哥伦布兼用鼓励和高压的手段,才算说服了船员。在继续前进的过程中,哥伦布忽然看见有一群飞鸟向西南方向飞去,他立即命令船队改变航向,紧跟这群飞鸟。因为他知道海鸟总是飞向有食物和适于它们生活的地方,所以他猜测附近可能有陆地。几天之后,哥伦布果然发现了美洲新大陆。

如果哥伦布一直等待下去,很可能一生都不会出发。毅然上路的哥伦布最终成了英雄,从美洲带回了大量黄金珠宝,并得到了国王的奖赏,以新大陆的发现者名垂千古,这一切都是行动的结果。

当我们对生活有所期待的时候,就要懂得去践行自己的想法,只有去做了才能知道最终结果是什么,如果一直都认为自己做不到,就永远也找不到最终的答案。我们常常说实践出真知,一件事情是否可行,会产生怎样的结果,仅仅依靠猜测是不行的,它们需要在实践中去验证。

04.下一个路口,需要勇气导航

对于世上的人们来说,勇敢的灵魂才可能拥有多姿多彩的人生、充满激情的成功和幸福。而对于一些人而言,灵魂只是辅助他们成长的可能部分,而不是他们真实的生存状态,只有那些勇敢的人,他们的灵魂才充满色彩。

1

每个人在前进的道路上,都会遇到这样或那样的困难。有些人在挫折中不断地锤炼着自己,愈挫愈勇,但是有些人则被眼前的困难搞得焦头烂额、丧失斗志,最终沦为平庸之人。

"时间顺流而下,生活逆水行舟。"在我们的一生中,困难将始终与你相伴,无论多幸运的人都是如此。既然困难不可避免,那我们就该勇敢面对,敢于对命运说:"让暴风雨来得更猛烈些吧!"只有这样,才能找到新的出路。

生活中,任何一个人都会面临坎坷,不管我们喜欢与否,它都会陪伴着我们。如果想在这个竞争激烈的社会上生存下去,我们必须鼓起勇气找到新的出路。

2

1833年10月21日,诺贝尔出生于瑞典首都斯德哥尔摩。他的父亲是一位建筑工程师,喜欢研究化学,制造炸药。

诺贝尔出生不久,家里发生了一场火灾,损失惨重。由于生活困难,其父亲只身外出,先到芬兰,继而辗转到了俄国。在俄国时,他因在机械和炸药方面小有成就而受到重视。后来,父亲便在那里开办了一个工厂。经济情况好转之后,他便把全家人都接到俄国圣彼得堡去了。

诺贝尔8岁时,曾进入斯德哥尔摩一所小学读了一年书。这一年的小学生活,是诺贝尔一生中接受的唯一一次正规学校教育。据说,学校曾向他家里发出过这样的通知:"你的儿子诺贝尔,身体羸弱,上课时常头晕。除算术与图画两科勉强及格,其余均不及格，且天性乖僻。请自下学期起改送他校就读。"

诺贝尔上过一年小学后，一直在家里自学。到俄国后，由于语言不通，加上身体不好，再也没有进学校读书。父亲给他和两个哥哥请了俄国家庭教师，除教授俄语、英语、法语、德语等语言外，还经常讲授一些科学技术方面的知识。诺贝尔对这些知识很感兴趣。15岁时，父亲让他到自己开办的工厂里做点事。诺贝尔对工厂的日常事务感到厌烦，却非常喜欢帮助父亲研制鱼雷和炸药。

1850年，诺贝尔到巴黎学习化学。一年后，他又被父亲送往美国学习机械。在四年学习期间，他参观了很多工厂，学到了很多自然科学知识。离开美国后，他还游历了德国、丹麦、意大利和法国。这时，他在自然科学和工程技术方面已经具备坚实的基础了。

1855年，彼得堡大学的两位教授前来诺贝尔工厂拜访，一位是著名的化学家、诺贝尔过去的家庭教师尼古拉·吉宁博士，另一位是药学家尤利·特拉普博士。他们恳请诺贝尔的父亲研制一种威力更大的炸药。很巧的是诺贝尔正在对此进行研究。吉宁博士见自己的学生进步这么快，非常高兴。他从皮箱内取出一个小瓶，里面装有一种油状液体，诺贝尔一看便知道那是硝化甘油。那时候见过这种易燃易爆品的人并不多。它的发明人索布雷罗先生因实验时发生爆炸身受重伤，这之后就再无人敢继续研究了，但是诺贝尔却不畏艰险，不怕困难，准备继续研究这个项目。

父亲答应了吉宁博士的请求,从此诺贝尔便与硝化甘油结下了不解之缘。

由于俄国在克里米亚战争中战败,诺贝尔工厂因接不到军方的生产订单而宣告破产。1859年,诺贝尔的父亲离开圣彼得堡回到瑞典后,在斯德哥尔摩市郊的海伦涅堡建立了一个小型实验室,准备研究威力更大的炸药。

1863年,诺贝尔应父亲之召回到瑞典,同父亲一道研究新式炸药。但诺贝尔与父亲的思路恰好相反,他把硝化甘油作为爆炸物的主体,仅把黑色火药作为引爆的辅助因子。

炸药的研究发明工作是极具危险性的,诺贝尔为此研究付出了不小的代价。1864年9月3日,从诺贝尔的实验室中发出巨大的爆炸声。在这次事故中,诺贝尔的5名助手和他的弟弟当场被炸死,而诺贝尔本人侥幸逃过此劫,但他的一只耳朵却被巨响震聋了。

面对失败,诺贝尔并没有退缩,反而更加坚定了他坚持到底的决心。他把实验地点选到了位于郊外马拉湖上的一艘平底船上,并把所有的设备搬到了那里继续他的研究工作。

诺贝尔经过长久的研究,终于发明了装有雷汞的雷管,用来引爆炸药。可是实践证明,硝化甘油长时间存放后会分解,受到强烈震动也会被引爆。诺贝尔决心研究出更为可靠安全的炸药。终于有一天,"轰"的一声巨响,惊天动地,实验室笼罩在滚滚浓烟中,瓦砾横飞。

许多人闻声赶来,惊恐地叫道:"诺贝尔完了!诺贝尔完了!"

正当人们惊魂未定时,诺贝尔却从烟雾弥漫的瓦砾堆中爬了出来,只见他满身灰尘,鲜血淋漓。他一跃而起,用血污的手指指着破碎的衣服,高兴得热泪盈眶。

他狂呼:"我成功了!我成功了!"

这就是诺贝尔在1863年完成的第一项具有划时代意义的发明,即"诺贝尔专利炸药",又称硝化甘油炸药。这一发明取得了瑞典、丹麦、英国等多个国家的专利证书。

1866年10月,经过上百次的失败后,诺贝尔终于制成了命名为"达纳炸药"的黄色固态炸药。"达纳"一词在希腊语中是"强力"之意。他在柏林东郊进行了黄色炸药的公开试验,并大获成功。随后,诺贝尔以他矢志不渝的精神研制和发明了雷汞炸药、安全炸药、无烟炸药等多种炸药,为人类做出了重大贡献。

诺贝尔一生致力于炸药的研究,共获得技术发明专利355项,并在欧美等五大洲20个国家开设了约100家公司和工厂,积累了巨额财富。

1895年11月27日,诺贝尔立下了一个独特的遗嘱,把自己一生的积蓄捐献出来当作基金,将其利息作为奖金,每年奖给世界上对物理、化学、医药学、文学和促进世界和平有特殊贡献的人。后来,又增加了经济奖,这就是现在很多科学家为之骄傲的"诺贝尔奖"的由来。

这世界上有能力的人很多，但是最后能获得成功的却有限，这是因为成功不仅仅需要能力，更需要勇气。一个人一生会遇到各种风雨坎坷，那些敢于面对困难，充满勇气的人，就能冲出风雨见彩虹。而失去了勇气的人，则只能选择依附于别人。一个具有勇气的人，展示给别人的是乐观、不屈不挠以及面对问题积极思考的奋发精神。

3

卡耐基认为，在世界上，没有别的东西可以替代勇气，教育不能替代，父辈的遗产也不能替代，而命运则更不能替代。禀性坚韧，是成大事、立大业者的特征。由此可见，"如何面对困难"，是成功者和平庸者之间的一道分水岭。成功者能够迈过困难的阻挠，而失败者却总是在困难面前止步不前，最终归于平庸。

做人和打仗一样，"千锤敲锣，一锤定音"，在追求梦想的路上，也许你已经经历过太多的苦难和不幸，也许你想要放弃，但是你记着，千万不要丧失前行的勇气，因为你只要坚持到云开日出，成功就是你的。那些能穿越层层困难，到达理想境地的人，最终都能获得成功。

要做到这一点谈何容易？有些人遇到了一次失败，便把它看成拿破仑的滑铁卢,从此失去了勇气,一蹶不振。可是在刚强坚毅者的眼里,却没有所谓的滑铁卢。那些一心要得胜、一直想成功的人即使失败,也不以一时失败为最后的结局,他们失败后总能重新站起来,不达目的绝不罢休。若想拥有面对困难时百折不挠的精神,没有万分的勇气是万万不可能的。

05.童话不是骗人的,"不可能"才是

当你真正认识并彻底领悟"世上没有不可能的事情"的时候,恭喜你——离成功就又近了一步。

1

拿破仑·希尔是美国成功学的创始人,他年轻的时候,就立志成为一名作家,任何人都知道,要想成为一名作家,可不是一件容易的事情,这就要求他必须精通遣词造句,他必须得有一件必不可少的工具,那就是字典。

但当时他的家里很穷,没有条件接受系统的教育,也没有多

余的钱来让他买字典。因此，有些朋友就善意地劝他说："你还是放弃吧，你的理想是不可能实现的，就不要异想天开了。"

年轻的希尔没有接受朋友的劝告，他用打工挣来的钱买了一本最完整的字典，他所需要的所有的字都在这本字典里。当时，他做的第一件事就是：翻开字典，找到"不可能"这个词，然后用剪刀把它剪下来丢掉，于是在他的字典里，就再也没有"不可能"这个词了。

正是因为在希尔的字典里没有"不可能"这个词，他才有了后来的成功，因为一切的事情，在一个想获得成功的人面前，是没有不可能的。这使他最终成为美国商政两界著名的导师，被罗斯福总统誉为："百万富翁的铸造者。"

2

人生中最大的快乐就是超越自我。我们应该树立自己的理想，然后为了我们的理想而奋斗，哪怕别人都对你说这是不可能的，也不要放弃。因为相信自己是人生的第一原则，如果你连自己都不相信，还会有谁相信你呢？连自己都不相信自己，都说自己做的事情不可能成功，别人又怎么会相信你做的事情会成功呢？

在现实生活中，我们最大的敌人不是挡在我们面前的那些难以处理的事情，也不是那些伤害我们的人，更不是那些不相信我们的人。而是我们自己,是我们口中的"不可能"限制了我们前进的步伐,束缚住了我们腾飞的翅膀。

克勒蒙特·史东是芝加哥著名的成功人士之一。他早年家境非常贫困,年轻时曾以卖报为生,后来,他开始自主创业。当时,所有的人都瞧不起他,都说:"他不可能成功,白费力气。"他没有理会那些人的言论,他一定要证明,他们说的是错误的。最后,在他的不懈努力之下,获得了成功。

他在《成功》杂志中谈道:"不必理睬那些向你说'不可能'等一系列悲观字眼的人。成功的最好秘诀就是证明'不可能'是谎言。因为,你会用各种有效的方法来使自己成功。目的就是为了证明他们说的'不可能'是骗人的。"

他说:"世界上,有数以百万计的人,他们拥有能力却不能实现更高的目标,这是为什么呢?那是因为,当他们听到别人说'那种事是不可能的'时,他们就相信了,没有经过深思熟虑或者用一些积极的思想来振奋自己就放弃了他们的理想。如果他们树立积极的态度,即使事情非常的困难,也能达成目标。"

克勒蒙特·史东之所以能够成功,就是因为他坚信,在他的人生字典中没有"不可能"。他的人生信条就是向那些和他说"不可能"的人证明他们说的是谎言。树立好自己的目标,时常告诫自己没有不可能的事情,即使前方有惊涛骇浪,不要畏惧,勇往直前,最终一定能顺利到达成功的彼岸。

3

在现实生活中,不知道有多少人,他们在听到别人说不可能的时候,动摇了自己的目标并最终放弃了自己的理想。他们忘记了"世上无难事,只怕有心人"。当自己的思想开始动摇时,没有用积极的思想来振奋自己,结果听到别人说"你做的事情不可能成功",就真的不可能成功了。

我们不应该在听到"不可能"时就心生畏惧,因为一旦自己产生恐惧的心理,就会退缩,甚至想放弃。哪怕离成功仅仅是一步之遥,你也会因为恐惧,而半途而废。

学会克服自己心中的恐惧,相信自己,试着向"不可能"发起挑战,你会发现在你面前没有什么事情是不可能的。

美国布鲁金学会以培养世界杰出的推销员著称于世。它有一个传统,在每期学员毕业时,设计一道最能体现销售员实力的实习题,让学员去完成。

克林顿当政期间,该学会推出一个题目:请把一条三角裤推销给现任总统。8年间,无数的学员为此绞尽脑汁,最后都无功而返。克林顿卸任后,该学会把题目换成:请把一把斧子推销给小布什总统。

布鲁金学会许诺,谁能做到,就把刻有"最伟大的推销员"的一只金靴子赠予他。许多学员对此毫无信心,甚至认为,总统什么都不缺,再说即使缺少,也用不着他们自己去购买,把斧子推销给总统是不可能的事。

　　然而,有一个叫乔治·赫伯特的推销员却做到了。这个推销员对自己很有信心,认为把一把斧子推销给小布什总统是完全有可能的,因为小布什总统在得克萨斯州有一个农场,里面长着许多树。

　　乔治·赫伯特满怀信心地给小布什写了一封信。信中说:有一次,我有幸参观了您的农场,发现种着许多矢菊树,有些已经死掉,木质已变得松软。我想,您一定需要一把小斧子,但是从您现在的体质来看,小斧子显然太轻,因此你需要一把不甚锋利的老斧子,现在我这儿正好有一把,它是我祖父留给我的,很适合砍伐枯树……

　　后来,乔治收到了小布什总统15美元的汇款,从而获得了刻有"最伟大的推销员"的金靴子。

　　人生需要挑战,不能让外界的因素束缚你,正如莎士比亚所说:"我们知道我们现在是什么样的人,但不知道我们可能成为什么样的人。"挑战是天才的晋升之阶,是信徒的洗礼之水,是能人的无价之宝。当你的生活遭遇到阻碍时,挑战就像一台钻探机,越是遇到坚硬的石头,越能迸射出绚丽、耀眼的火花。经历过磨炼的人,其意志定会变得更坚强,将来取得辉煌成就的可能性就越大。

Part 7

失去的只是缘分,所有的伤害都能够痊愈

　　谁的爱情不愁肠，谁的幸福不曾迷路，愁肠了没关系，经历过后记得成长就好；迷路了没关系,记得回到原点,让幸福着陆。

　　爱情是会让人成长的。有些事的确不堪回首,但是请不要逃避,我们应该从中吸取教训,而不是累积伤痛,也许你会有不一样的收获。

01.他又不在乎你,你何必委曲求全

无论爱情还是婚姻,都需要平等和尊重。每个女人都该做心理上的女王,而不是灰姑娘。哪怕你再爱一个人,哪怕他真是高贵的王子,也要保持理智,保持一份做女人该有的骄傲,不要过分殷勤,也不要急于讨好。爱得不卑不亢,才能赢得男人的爱和尊敬,才能掌握爱情的主动权。

1

张爱玲说:"女人在爱情中生出卑微之心,一直低,低到尘土里,然后,从尘土里开出花来。"

因为爱,她觉得胡兰成高贵、伟岸,觉得他是世间最好的男子,他的一切无人企及。遇到了他,她一次次地放低自己,把自己看成一朵渺小的花。他若看到了,她便心生狂喜;他若没有低头,她便永远地埋在尘土里。

一个充满才情的女子,一个冷傲倔强的灵魂,在遇到了所爱之人时,竟没有了飞扬与高贵的脾气,生怕自己做得不好而失去他;从上海跑到温州,低眉顺眼地坐在他跟前,只为听他说上五六个小时的话。她的低微与狂恋,让胡兰成胜利在握,在赞美她的时候,他一样赞美着其他女人;与她在一起时,他也偷偷地与其他女人密会。

在这一场爱情的对决中,张爱玲输了。她输掉的不仅仅是所爱之人,还有那一颗高贵的心灵,和从容的姿态。爱到卑微,真的不是一件伟大的事。卑微换不来爱情,也换不来平等与尊重。爱情再怎么可贵,也不足以让女人牺牲自己,放弃尊严。

2

爱情需要包容,需要付出。但是,这种包容和付出绝对不是单方面一味地迁就。爱情是两个人的事,需要两个人同心协力地经营,而不是一个人努力供养。

靠一个人努力经营的爱情,还是爱情吗?那只是渴望爱情垂怜的悲剧角色。把幸福的赌注押在一个不愿意经营爱情的人身上,还能开怀大笑吗?

爱情不是一个人的事,应该面对面地交流,而不是一直张望着一个背对着你的身影,他不会看到你是否在笑,是否在哭,是否有伤心的事……

她被他打篮球的身影吸引。爱上他的时候,她还是一个情窦初开的女生。她总是站在啦啦队最不起眼的位置,满眼热情地看着他。终于，他被她的清纯吸引，让她站到了他右手边的位置。

她就像被从天而降的馅饼砸到了脑袋的孩子，兴奋喜悦，茫然无措。他轻描淡写地说："亲爱的，帮我倒杯水。"即便还在洗衣服，她还是会慌里慌张地洗完手，赶紧去倒水。

"亲爱的，我饿了！去帮我到外面买点吃的。"她在睡觉，睡眼惺忪地被他摇醒，穿上衣服，跑到楼下买吃的。

"亲爱的，我喜欢穿丝袜的女孩，你以后穿丝袜吧！"看电视的时候，他随意地指着肥皂剧里的女主角说。她奉若圣旨，买了同款的丝袜，讨好地穿上。他满眼嫌恶："为什么你穿上这么难看？还是赶紧脱掉吧！"她强忍着泪水，默默地扔掉丝袜。

这样的小事举不胜举。哪怕他的要求再无理，哪怕他说的话再伤人，她都默默承受着。就像嗅着花香而来的蜜蜂，只要他开口，她就卑微地不去拒绝。她觉得，只要她持续这样的付出，总有一天他会被她感动，会全心全意地爱她。

可是，有一天，他的身边却有了另一位女孩。"我们分手吧！"他淡淡地说。

"为什么？我哪里做得不够好？"她颤抖地问。

"不，就是因为太好了！我不喜欢对我言听计从的女生，一点儿激情都没有。"

她不再说话，默默地转身离开。

不要习惯性地在爱情中放低姿态，在你习惯仰视他的时候，他也会慢慢地习惯俯视你，平等从此就是空谈。女孩一直以一种卑微的姿态纵容着男孩。可是，她得到了什么？只得到了一个匆匆离开的背影。

这样的爱情从一开始就是不和谐的，就像两个体重相差悬殊的人坐在跷跷板上一样，一个永远在上方，一个永远处在下方。要想两个人平等、两个人可以平视，唯一的办法就是从跷跷板上走下去，不要留恋不舍，以为有一天他会发现你的良苦用心，会发现你的好，会为你的好而改变……但是你个人以为的事情，当真就会发生吗？

不要奢望不平等的爱情会出现奇迹，那只是自我欺骗的一个借口。

在爱情中卑微地为自己的爱找理由的人都是可怜的，更可怜的是那个人只留给你一个背影，你还以爱为名，站在原地徘徊，一心一意地祈祷他会回眸。这么做，究竟把自己放到了怎样的位置？

3

对于一个女人来说，爱和幸福从来都是靠自尊赢来的，而不是靠丢掉尊严"乞讨"得来的。那些情场上的"乞讨者"，总以跪着的姿态向男人乞求爱，无论她怎么付出，也难以换回自己想要的幸福和爱。

我们可以想象：一个女人习惯把爱情当成生活的全部，把一个男人当作自己的整个世界，无条件地依赖男人。等男人想要离开时，她用满是期待和乞求的眼神，期盼着这个男人留下来，给她一点温暖和疼爱。这样的女人不自觉地会陷入一种"男人给你幸福，你就幸福；男人不给你幸福，你就不幸福"的被动状态，这样总以低姿态去面对自己的爱情的女人，最终得到的只是伤心和悲哀罢了。

苏珊最近恋爱了，与她交往的男友是位带着8岁孩子的离异男士。

为了讨好这位新男友，苏珊不惜担着被领导批评的风险，经常翘班回家去与男友约会。当然，她所谓的约会，绝对不是拉着对方的手在月光下漫步，也并非与男友一起享受烛光晚餐，而是飞快地先跑回家，煲好鲫鱼汤，用保温瓶装好，再坐两趟地铁和一趟公交，给男友送到公司去。如果男友下班了，她再转几趟车把汤送到家里去。顺道到家里帮男友打扫卫生，洗洗衣服，清理一下垃圾，等等。

苏珊毫无保留的付出，似乎并没有讨得男友的欢心。原来，男友家里的孩子并不喜欢她，经常与她对抗，有时还用她做的菜汤往她的白裙子上泼。对此，男友并不同情苏珊，总护着自己的孩子。

交往半年，男友丝毫没有与她结婚的意思。心急如焚的苏珊为了稳住男友一颗摇摆不定的心，可谓是煞费苦心，辞去工作，全心全意为男友服务，使劲地讨好孩子，信誓旦旦地保证一定要把孩子当作自己的孩子,做到仁至义尽。最终,男友终于无刺可挑,勉强答应和她在一起。不过,还附带了一些约束:不许与年轻异性有来往,不许过问他的行踪,不许再与孩子争吵,承担全部的家务。

就连家里的保姆都没有这么苛刻的待遇。朋友都劝她说:"不是痴情就能赢得爱情!反而会让人失去自尊!"

苏珊则昂首挺胸地回答:"制定这种条款,完全是出于他爱我。我既然爱他,就该不计一切条件,为他付出全部。这样,他就会死心塌地留在我身边了!"

半年之后,同事在超市遇到了苏珊,见她穿着家居服与人剽悍地杀价,见她面容憔悴、面黄肌瘦!同事唏嘘:爱情真是残酷,活脱脱把一个青春靓丽的女孩变成了一个"大妈"!一年后,苏珊打电话向朋友求救:她被丈夫从家里赶出来了,想借朋友的房子过渡一段时间。她的一味妥协和付出还是没换来丈夫的爱,人家已经决定与前妻复婚了。

朋友听到苏珊的经历,都为她叫屈:"那么纯净的一个女孩子,怎么会遇到那样的男人!"而一位朋友则说了一句极富哲理的话:"你的样子,决定了爱情的样子。一切都是自找的,和遇到什么样的男人毫无关系!"

卡耐基的夫人桃乐丝说:"女人要记住,卑微的姿态始终换不来你想要的爱情。因为爱情是不相信卑微的,你放弃的尊严越多,失去的爱也就越多。相反,你的心态越高贵,所能获得的爱也就越多。爱情，向来都是一个自珍自爱的游戏，站着微笑着送没有缘分的人远去，总好过跪着哀求对方留下来要高大、有魅力得多。"

02.请原谅在爱情中"逃跑"的那个人

人的一生很短暂，而最美丽的光阴只是其中的一瞬。如果在这一小段时光中，你已经错遇了一个人，那么，此刻你应该做的是，果断转身，寻找对的人，而不是把这段时光完全地浪费在这个人身上。与其盯着他的背影看，还不如果断地转身，给这段爱情画上句号。

1

我们习惯将自己放在囚笼当中过日子，即便伤心难过，囚笼的钥匙就在手中，也想不起将自己放生。这个时候你所抓的钥匙只是你心里的一根救命稻草，并没有什么实际的意义，为什么不懂得用它换取自己的幸福和自由呢？

徐茜一直困扰在一段剪不断,理还乱的感情里出不来。

邢冰的态度总是若即若离,其人也像神龙一样,见首不见尾。徐茜想打电话给他,可是又怕接的人会是他的女朋友,会因此给他造成麻烦。徐茜不想失去他,可是老是这样有时自己也会觉得很无奈,她常常问自己:"我真的离不开他吗?""是的,我不能忘记他,即使只做地下的情人也好。只要能看到他,只要他还爱我就好。"她回答自己。

但是该来的还是会来。周一的下午,在咖啡屋里,他们又见面了。邢冰把咖啡搅来搅去,一副心事重重的样子。徐茜一直很安静地坐在对面看着他,她的眼神很纯净。咖啡早已冰凉,可是谁都没有喝一口。

他抬起头,勉强笑了笑,问:"你为什么不说话?"

"我在等你说。"徐茜淡淡地说。

"我想说对不起,我们还是分开吧。"他艰涩地说。"你知道,我这次的升职对我来说很重要,而她父亲一直暗示我,只要我们近期结婚,经理的位子就是我的。所以……"

"知道了。"徐茜心里也为自己的平静感到吃惊。

他看着她的反应,先是迷惑,接着仿佛恍然大悟了,忙试着安慰说:"其实,在我心里,你才是我的最爱。"

徐茜还是淡淡地笑了一下,转身离开。

一个人走在春日的阳光下,空气中到处是春天的味道,有柳树的清香,小草的芬芳。徐茜想:"世界如此美好,可是我却失恋了。"这时，那一种刺痛突然在心底弥漫。徐茜有种想流泪的感觉，她仰起头，不让泪水夺眶。

走累了，徐茜坐在街心花园的长椅上。旁边有一对母女，小女孩眼睛大大的，小脸红扑扑的。她们的对话吸引了徐茜。

"妈妈，你说友情重要还是半块橡皮重要？"

"当然是友情重要了。"

"那为什么小静为了要李淼的半块橡皮就答应她以后不再和我做好朋友了呢？"

"哦，是这样啊。难怪你最近不高兴。孩子，你应该这样想，如果她是真心和你做朋友，就不会为任何东西放弃友谊；如果她会轻易放弃友谊，那这种友情也就没有什么值得珍惜的了。"母亲轻轻地说。

"孩子，知道什么样的花能引来蜜蜂和蝴蝶吗？"

"知道，是很美丽很香的花。"

"对，人也一样，你只要加强自身的修养，变得博学多才。当你像一朵很美的花时，就会吸引很多人和你做朋友。所以，放弃你是她的损失，不是你的。"

"是啊，为了升职放弃的爱情也没有什么值得惋惜的。如果我是美丽的花，放弃我是他的损失。"徐茜的心情突然开朗起来了。

人生有很多难以预料的事情发生，有时我们的爱人、我们信任的朋友也有可能伤害我们、背叛我们。如果他们选择这样做了，那我们能够怎样呢？哭着质疑他们为什么要这样对自己吗？如果事情到了这个地步，质疑只是无用功，为什么要把自己的伤悲和苦痛展现给那些伤害自己的人呢？谁会在乎呢？

2

人都喜欢锦上添花，所以当你一帆风顺、蒸蒸日上的时候，有很多人愿意接近你。当你遇到困难、举步维艰的时候，很多人可能会离开你。这个时候不要抱怨，不要责怪人情薄凉。

对于曾经接近你的人，我们要感谢，因为他们给我们的"锦上"添了"花"；对于困难时离开的人，我们也要表示感谢，因为正是他们的离开，给我们泼了一盆足以清醒的冷水，让我们在孤独中重新审视自己，发现自己的危机，让我们有了冲破樊篱，更进一步的动力。

如果他们真心伤害了我们，那么我们就要努力过得更好，在苦痛中开出一朵绚丽的花，让那些伤害我们的人知道，无论他们怎样伤害我们，我们的人生一样可以过得很辉煌。不要用别人的错误惩罚自己，我们受了伤，理应获得更多的幸福。

不要执着于他人的伤害，这样只会让自己越陷越深，学着放手，在落泪之前放掉手中扎手的沙，向幸福看齐吧！

3

李沐白与夏小熙相恋五年有余,按照原来的约定,他们本该在今年携手走进婚姻殿堂的,但是,就在婚前不久,夏小熙做了"落跑新娘",她留下一纸绝情书,与另一个男人去了天涯海角。了解李沐白的人都知道,他与夏小熙之间的爱情九曲十八弯,甚至有些荡气回肠。李沐白英俊帅气,风度翩翩,在香港科技大学完成学业以后,就回到了父亲创办的公司担任部门经理,管理着一个重要部门,由一位追随父亲多年的叔伯专门负责培养他、指导他。他行事果敢,富有创新意识,这个部门在他的管理下越发出色起来。

这个时候,追求他的姑娘、前来提亲的人家简直多得让人眼花缭乱,其中不乏当地的名门名媛,但他一概礼貌地回绝了,却唯独对来自农村的夏小熙情有独钟。那个时候的夏小熙不但长相甜美,而且思想单纯,相比都市里雪月风花、汲于名利的女人们,她恰似一朵雪莲花不胜寒风的娇羞,这份纯朴的美让李沐白十分醉心。

然而,受中国传统门当户对思想的影响,李沐白的父母对于这种结合并不认同,李沐白为此与家人理论过无数次,甚至愿意为夏小熙放弃现在的一切,只求抱得美人归。在他的坚持下,李父李母终于妥协了。由于夏小熙的身体一直不好,医生建议他们三年之内最好不要结婚,李沐白只能把婚期向后推迟。三年来,他一直精心照顾着夏小熙,给了她无微不至的关爱,夏小熙的身体渐渐好了起来。

随后,为了夏小熙的事业,李沐白又强忍着心中的寂寞,出资安排她去国外学习企业管理。在这五年多的交往中,可以说一个男人能做的,李沐白几乎都做到了。2007年,受国家货币政策影响,再加上人民币不断升值,李家的公司受到了很大冲击。很快,公司的利润被压迫在一个很小的空间,后来,干脆成了赔本买卖。无奈之下,李父只能申请破产。李沐白也由一个白马王子变成了失业青年。

任谁也没想到的是,就在李沐白最困难的时候,那个他曾给予无数关爱,那个他愿意为之付出一切,那个曾与他海誓山盟的女孩,决绝地提出分手,跟着一个英国男人去国外"发展"了。

公司破产,李沐白并没有多么难过,因为他觉得凭自己的能力,有朝一日一定可以帮助父亲东山再起,因为他觉得即便自己变成了一个穷小子,至少还有一个非常相爱的女朋友。但是现在,他真的觉得自己一无所有了,曾有那么一段时间,李沐白非常颓废。

一个人独处的时候,李沐白反复问自己:"我那么爱她,她为什么在这个时候离开我?"最后,他不得不接受一个残酷的事实——她太功利了,她不会跟一个身无分文的穷小子过一辈子!究竟是她变了,还是原本就如此,此刻已不重要。重要的是,接下来该做些什么。

冷静之后,李沐白意识到,自己必须努力了,否则才是真的一无所有。女友无情的背离也让他对爱情有了新的认知，他懂得了，爱并不是一厢情愿的冲动，有的人并不值得去爱，也不是最终要爱的人，所以放手，放任她离开，但不要带着怨恨，那只会让自己的内心永远不得安歇，为那个不爱自己的人徒留下廉价的伤感而已。

不久之后，李沐白找到了父亲的一位老朋友，并以真诚求得了他的资助。用这笔资金，李沐白在上海创办了一家投资公司，他又是学习取经，又是请高人管理，公司很快就走上了正轨。现在，李沐白又积累了一笔不菲的财富。

在那位叔父的撮合下，李沐白又结识了一位从法国留学归来的美丽姑娘，两个人一见钟情，很快确定了恋爱关系，双方的父母也都对彼此非常满意。

如果当初那个女人不离开他，或许李沐白就不会有如此大的动力，或许他会出去做一个高级打工者，一样能过日子。但是，她离去了，一段时间内，李沐白一无所有，这给了他前所未有的危机感。这种危机感鞭策着他必须去努力，似乎是为了证明些什么，但其实更是为了他自己。

曾经受过伤害的人，在孤独中复苏以后，会活得比以往更开心，因为那些人、那些事让他认清自己，同时也认清了这个世界。如果有人曾经背弃了你，无论他是你的恋人还是朋友，别忘了对他说声"谢谢"，因为正是这次背离，才让你更坚强，更懂得如何去爱，也更懂得如何保护自己。

03.此生,我不会跟你赌光阴

一次爱情不能代表永生。要知道痛苦终将过去,你受伤的心灵必将愈合,爱的道路上有阴又有晴,雨过之后,肯定是阳光明媚的好时光。相信只要热爱生活,有爱的火种,必然会有爱的新天地。

1

缘聚缘散总无强求之理。世间人,分分合合,合合分分谁能预料?该走的还是会走,该留的还是会留。一切随缘吧。

爱情全仗着缘分,缘来缘去,不一定需要追究谁对谁错。爱与不爱又有谁可以说得清?当爱来临的时候只管尽情地去爱,当爱离去的时候,就潇洒地挥一挥手吧,人生短短几十年而已,自己的命运把握在自己手中。

失恋之后, 如果能把诅咒与怨恨都放下, 就会懂得真正的爱,尽管你可能会感受到酸楚、心痛。

卢梭11岁时,在舅父家遇到了刚好大他11岁的德·菲尔松小姐，她虽然不很漂亮，但她身上特有的那种成熟女孩的清纯和靓丽，还是深深地吸引住了卢梭。她似乎对卢梭也很有"好感"。很快，两人便轰轰烈烈地谈起恋爱来。但不久卢梭就发现，她对他的好只不过是为了激起另一个她偷偷爱着的男友的醋意——用卢梭的话说"只不过是为了掩盖一些其他的勾当"，他年少而又过早成熟的心便充满了一种无法比拟的气愤与怨恨。

他发誓永不再见这个负心的女子。可是，20年后，已享有极高声誉的卢梭回故里看望父亲，在波光潋滟的湖面上，他竟不期然地看到了离他不远的一条船上的菲尔松小姐，她衣着简朴，面容憔悴。卢梭想了想，还是让人悄悄地把船划开了。他写道："虽然这是一个相当好的复仇机会，但我还是觉得不该和一个四十多岁的女人算二十年前的旧账。"

爱过之后才知爱情本无对与错，是与非，快乐与悲伤会携手和你同行，直至你的生命结束！卢梭在遭到自己最爱的人无情愚弄后的悲愤与怨恨可想而知，但是重逢之际，当初那种火山般喷涌的愤怒与报复欲未曾复燃，却选择了悄悄走开。

如果把人生比作一棵枝繁叶茂的大树，那么爱情仅仅是树上的一朵鲜花，爱情受到了挫折，并不等于人生的失败。世界上有很多在爱情方面遭受不幸的人，却成了千古不朽的伟人。因此，对失恋者来说，对待爱情要学会放弃，毕竟一段过去不能代表永远，一次爱情不能代表永生。

2

世界上没有不变的人,也没有不变的爱情,可是背叛往往容易使另一方产生强烈的报复欲望。他们在爱情开始的时候,通过爱放大了那个人,使对方成了神,而当爱消失了的时候,他们又开始恨那个人,将对方视作魔鬼,爱与恨的转换使他们走向了极端。其实,对方既不是神,也不是鬼,只是人,是一个平凡的人,他(她)曾经爱过你,但后来发生了变化,这对于一个寻常人来说,都是极正常的事,仅此而已,所以你不要想得那么严重,请宽容他(她),不成爱人即成仇人,不仅不尊重别人,也不尊重自己,等于否定了自己有爱相伴的这段生命历程。

雨果17岁那年,与门当户对、年轻貌美的阿黛·富谢订婚,20岁两人结婚。阿黛是个画家,为雨果生了三男两女。这本应是个幸福的家庭,可是婚后的第10年,阿黛突然另结新欢,追随一位作家而去。这使雨果备受打击,十分痛苦。次年,他结识了女演员朱丽叶·德鲁埃,两人坠入爱河,这才使他那颗伤痛的心得到抚慰。

阿黛离开雨果后,生活并不幸福,经济一度很拮据,几乎到了举步维艰的地步。一次,她精心制作了一只镶有雨果、拉马丁、小仲马和乔治·桑四位作家姓名的木盒,到街头出售,可是因为要价太高,没有人愿意购买。一天,雨果从那儿经过看见了,就托人过去悄悄地买下来,这只木盒仍陈列在巴黎雨果故居展览馆里。

　　爱是无私的,经过了一段忧伤的岁月之后,雨果将怨恨化作了一种内心的安宁,这种安宁也就变成了一种高层次的美。

3

　　对待感情问题要用智慧去解决,还要顺其自然,不要苛求自己,要学会面对。毕竟我们曾经真正地爱过、痛过,那份爱,曾经深入骨髓,温暖过我们的生命旅程,现在他爱上了他认为更合适的人,那是他的权利,自己无权制止,相爱潇洒,分手也潇洒,这才是现代人的爱情风格。既然怀念过去只能意味着痛苦,那么失去了就让它失去吧,没有必要总挂念在心上,不要用爱为自己创造一个地狱,那不是爱的本意。总之,在男欢女爱方面,我们要尽量做得洒脱些,唯美些,其实人生很多时候,想不通就是地狱,想通了就是天堂。

　　爱丽斯遭到男友的抛弃之后,来请求一位大师指点,她对大师说:"我心里很愤恨,他活得竟然还挺好的。"

　　大师问道:"为什么你会如此愤恨他呢?"

　　爱丽斯回答道:"当初,我和他在一起时,曾经立下过誓言,有一天,如果谁先背叛了对方,那么这个人在一年内一定会死于非命,可是,两年时间过去了,他却还健在,难道不是老天爷不公平吗?"

大师说："如果人间所有的誓言都会实现，那么，世界上就不会有任何人了。不是说老天爷没有眼睛，而是说你和他之间的爱情已然发生了变化，在智者的眼里，誓言就像一个泡沫一样瞬间就会消失。"

爱丽斯接着问道："大师，那我该怎么办呢？"

于是，这位大师给她讲起了一则寓言故事：

"有这样一个人，用水养了一条非常名贵的金鱼。有一天，鱼缸不小心被打破了，这个时候，这个人面对着两种选择，一种选择是站在水缸前诅咒、怨恨，目睹金鱼失水而死；另一种选择是赶紧拿一个新水缸来救金鱼。如果换作是你，你该如何做呢？"

爱丽斯回答道："当然是赶快拿水缸来救金鱼了。"

大师缓缓地说道："非常正确，你应该快点拿水缸来救你的金鱼，给它一点滋润，先将它救活，然后丢弃掉被打破的鱼缸。如果一个人放下了诅咒与怨恨，就能真正懂得爱是什么。"

爱丽斯听完以后，脸上带着微笑，欢喜地走了。

如果说痛苦的起源是别人造成的，那维持痛苦的状态则是自己造成的。

怨恨是一把双刃剑，既会伤害别人，也会伤害自己。女人的心是娇贵的，禁不起恨的折磨，女人的青春是宝贵的，禁不起无休止的浪费，请放下怨恨，开始新的旅程，你会发现从怨恨落地的那一刹那，心中的痛苦便荡然无存！

04.你的爱是纯爱,还是蠢爱

不是每一朵花都能够如期地开放,也并非每一朵开过的花都能结出果实来。对于感情来说,当你爱一个人而得不到回报的时候,在你付出千般努力也无法得到一个许诺的时候,在你因爱而受伤的时候,千万不要继续与自己较劲了,要学会放手,给彼此自由。否则,带给你的只有无尽的痛苦和烦恼。

1

世界上最遥远的距离不是天涯,不是海角,而是心灵的距离。当两颗曾经贴近的心灵再也感觉不到温暖时,爱情便走到了尽头。爱走了,就不必强留,越留越受伤,越留越痛苦。

她在很年轻的时候,就已经觉察到丈夫在外面有了别的女人,当时,她几乎要崩溃了。令人未曾想到的是,她竟然把这件事强忍了下来,她的理由就是"为了孩子"。为了孩子,她选择自己欺骗自己,就当这件事没有发生过,继续维持着家庭生活。但是,她毕竟是个有血有肉的人呀。长期生活在这样不幸的婚姻中,压力、空虚和心理上的不平衡不断地冲击着她,当心理承受能力达到极限时,她就会拿无辜的孩子来撒气,再到后来,甚至一想到这些事情,就乱骂、乱打孩子。无辜的孩子,常常会莫名其妙地遭了殃。而且,她还时常当着孩子的面,用恶毒的语言讽刺、咒骂、攻击她的丈夫。长期生活在这样的家庭环境下,孩子的精神世界也跟着崩塌了。

现在,她上了年纪,孩子已经长大了。但是,可怜的孩子也变"坏"了。他感觉不到爱,也学不会宽容和爱。他的世界观、价值观、道德观都偏离了正确的轨道,说话和做事的方式很极端而且偏激。家里的亲朋好友也曾尝试和孩子去沟通,可怜的孩子给出的答案是:"在这样一个没有温暖的家庭,谁管过我的感受?他们两个三天一小吵,五天一大吵,谁真正用心关心过我?甚至还拿我当出气筒!他们之间出现了问题,难道我就必须要受罪吗?他们生我出来,难道就是用来出气的吗?亲生父母都这样,我对这个世界失望了。我只不过是为了自己而活着。"

看到孩子的状况,她终于清醒过来,也认识到自己的错误了,并且决定去面对自己的错误。可是,在她愿意放下自己心里面的怨恨,愿意去办离婚时,当初那个乖巧懂事的孩子却无论如何也回不来了,他不肯原谅自己的父母。她很想去补救,可是孩子根本不给他们机会,他对他们已经绝望了。可怜的她,在痛苦中生活了这么多年,已近黄昏,幡然醒悟,可是,又是否能够享受到儿孙承欢膝下的天伦之乐呢?

明知道是痛苦的生活模式，却固执地选择坚持，到最后，非但自己痛苦不堪，也间接让他人变得痛苦，不是吗？这是她犯下的最大错误，毁了自己，也毁了自己爱及不爱的人。

所以，当我们认识到有些事情已经不能勉强、无法挽回的时候，不如问问自己：我干吗不放手呢？很多时候，感情也好，婚姻也好，其他的事情也好，明明知道接下来的坚持，会对自己或别人造成一定的伤害，我们还要不要一门心思犟到底呢？是不是就算伤害人也在所不惜？那么别忘了，你自己也会遍体鳞伤的。生活中很多事情都是需要放手的，换个方式处理问题，也许真的就海阔天空了呢。

2

人生的风景并不是只有一处，在你为逝去的美景哭泣的时候，眼前可能是一幅更美的画卷。不要沉醉于过去的情感，失去了意味着这段情感不适合你，一段更好的感情正在等待你。不回过头，你怎能看到眼前的美景？不放下过去，你怎么会获得自由？

人生犹如一部戏，我们每个人都是戏里的主角，每个人都不可能把自己的角色演到极致而不留一丝遗憾，没有遗憾的人生不是完整的人生。放下过去，给彼此自由，让彼此生活得更好，这才是一段真正完美的感情。所以，当你被某些事情缠绕得心力交瘁的时候，一定要告诉自己：只有放下，才能重获快乐和自由！

3

在一次朋友的聚会中，阿娟偶然认识了一个男孩。两个人一见如故，很快便坠入了爱河。三个月后，两个人开始了同居生活。

起初，两个人的感情发展得很顺利，男朋友对她特别宠爱，两个人经常在一起畅想甜蜜的未来。比如买多大的房子，生几个孩子，有时候两个人一边讨论着一边相拥着笑作一团。这是阿娟第一次正式交男朋友，也是有生以来第一次品尝到爱情带来的满足和幸福。在她的内心早已笃定，他就是她今生一定要嫁的人，所以她把自己所有的希望都寄托在这个男人身上。

但随着两个人相处的时间越来越久，彼此的缺点和毛病也都显现出来了，由此矛盾和争吵也出现了。随着争执越来越多，男友对她逐渐冷漠了。有一天，阿娟回家时竟然看到男友正在收拾行李准备搬出去住，她赶忙上前阻拦，可最后还是眼睁睁地看着男友甩门而去。出门前男友告诉她，他们两个人不合适，所以还是分手吧。

坐在空荡荡的房间里，阿娟的内心感到了从未有过的恐惧和孤独。她就是想不明白,一直相处得很好的两个人,怎么能随随便便就分了呢?她觉得自己的生活里不能没有男友的陪伴,她也相信男友还是爱她的。于是,执着的阿娟决定到男友上班的地方去找他。

也许是对方故意不愿意见她,阿娟在外面足足等了一天也没有看到男友的身影。就在她精疲力竭的时候,她收到了男友发来的短信:"娟,我已经不爱你了,所以我希望你不要再来打扰我的生活。祝你幸福!"

看了短信,阿娟像疯了一样咆哮着:"怎么能说不爱就不爱了呢?我不信!我不信!她哭着飞奔回了家,一头倒在床上哭了一晚上。等情绪逐渐平静下来,她又开始思考起他们的问题。她觉得既然是真爱就不应该随便放弃,即使因为一些矛盾让两个人之间暂时出现了隔阂,只要坚持,他们也一定能够和好如初。所以她决定再次到男友现在住的地方去找他。

走在路上,她的脑海中一直计划着让男友回心转意的各种方法,必要时甚至可以以"死"相逼。可当她走到男友家的楼下时,却被眼前的一幕惊呆了:她看到男友正在和一个女孩甜蜜地抱在一起。

她冲上前去质问男友,可得到的仍然是冰冷的话语,她再也无法忍受了,与那个女孩厮打起来。

因为推搡和争斗,阿娟走在回家路上时已经变得衣冠不整,头发也凌乱了,脸上和身上沾满了尘土。她就像是丢了魂,觉得心里空空的,已经完全看不到生活的希望。于是,她想到了自我了断。她坐在河边的长椅上,心中感慨万千。她真的已经很累了,只想就这样跳进水里结束自己的生命,让自己从这痛苦中解脱出来。可她似乎又缺少一点勇气,所以在河边呆呆地坐了很久。

做清洁的大婶似乎看出了阿娟的情绪有些异常,于是赶紧过来坐在了阿娟的旁边,语重心长地对阿娟说:"小姑娘,虽然大婶不知道你遇到了什么事,可人活着不管遇到什么事都得往开处想。你看你那么年轻漂亮,你的未来一定会很美好,更何况你还有爸爸妈妈和那些爱着你的人,你可千万不能做傻事啊!"听了大婶的话,阿娟扑进大婶的怀里,号啕大哭了起来。

爱情是生命中非常重要的组成部分,可是,不管爱情有多重要,它都不是生活的全部,更不能因为它而断送自己未来的幸福,甚至结束自己的生命。有些人注定是我们生命中的过客,如果他们选择了离开,只能说明他们不值得我们去珍惜。让自己重新抖擞精神,继续上路去寻找真正属于自己的幸福,这何尝不是一种对自己负责的表现?不要执着于某个人而不肯放手,最后弄得两败俱伤,甚至把自己逼到了绝境。

05.爱情很美好,只是方向有些跑偏

爱情要顾及两个人的感受,有时失去爱情不是因为不爱,而是因为用错了爱的方式。

1

爱一个人的时候,就想把自己能想到的一切都给对方。可是,给得多了,对方常常觉得承受不住。

这就像一个燃烧的火炉,一味地添加炭,不会使它更旺,反而可能熄灭燃起的火焰,因为炭太多了,炉子里的空间不够燃烧。爱情有时就像炉中的火焰,不是你给得多,它就会一直光耀动人。

一位禅师带着小弟子下山化缘,他们路过一个鸟语花香的园子,一派春日祥和景致。师徒二人正在享受漫步的悠闲,突然听到一棵高大的树上传来一阵哀鸣,举头看去,是一窝小鸟因害怕而啼叫。

"这么小的鸟却放在这么高的树上,难怪会害怕。"小徒弟说。他不忍听到小鸟的叫声,就拿了梯子,把鸟窝放在低一些的树枝上。禅师微笑赞许:"有爱生护生之心,很好。"

第二天,小弟子关心小鸟,偷偷去花园,又听到小鸟的啼叫。于是,他又将鸟窝放低了一些。如此几天,小鸟终于心满意足,发出欢悦的声音,小弟子终于能够放下心了。

没过多久,小弟子又一次和师父下山,路过花园,却听不到鸟儿的声音,只看到低矮树枝间空荡荡的鸟巢和散落的羽毛。

原来,鸟巢放得太低,小鸟都被附近的野猫叼走了。禅师摇头,双手合十说:"万物有定分,你过分帮助它们,却是害了它们。"小弟子懊悔不已。

过度的爱对于接受者来说,可能是喜悦,也可能是伤害。就像两个人面对面坐着,每人拿一个杯子,一个人不停给另外一个倒水,而自己的杯子始终空着。最后,一直喝水的人终于受不了了,可能觉得对方给得太多,心存愧疚;可能觉得一直不停地喝,觉得腻烦;也可能因为自己始终不能为对方做些什么,找不到存在感。总之,在对方无尽的给予中,他再也感觉不到喜悦。感情走到这个地步,分离是必然的结果。

我们要懂得把握爱情的"度",不要用尽生命去讨好一个人,因为勉强无用,这是爱情的"度",也是智慧和幸福的度。

2

　　一对刺猬在冬季恋爱了,为了取暖,它们想要紧紧地拥抱在一起。可是,每一次拥抱它们都把对方扎得鲜血直流。尽管如此,两只刺猬还是不愿意分开。最后,它们几乎流尽了身上的最后一滴血,奄奄一息。临死前,它们发誓:"如果有来生,一定要做人,要永远在一起。"

　　上天被两只刺猬的爱情感动了,满足了它们的愿望。来世,它们都化成了人,并永远在一起了。他们每天形影不离,每时每刻都如胶似漆地黏在一起,但他们却一点也不幸福。因为,他们成了一对连体人。

　　在通往幸福的路上,谁都渴望有心爱之人的陪伴。可是,有些人能一同抵达幸福的终点,有些人却在中途分道扬镳。相爱的刺猬希望朝朝暮暮在一起,彼此亲密无间,最后都付出了生命的代价。如果它们能够记得前世发生的事情,那么转世成为连体人的它们一定会后悔当初太傻,若是那时彼此保持点距离,也许可以一直相互依偎,不会落得如此凄惨的下场。

　　在爱情的旅途中,到底两个人该怎样相扶相携才能走得远呢?爱是需要距离的,恋人之间不可能时刻都亲密无间,否则爱情之花就会凋谢。只可惜,女人总是后知后觉,很多道理都要等到受伤后才会明白,可是那样是不是有点太迟了?

3

甘露跟丈夫以前在同一家公司上班,那是他们初次相识的地方。后来甘露辞职去了另一家公司,起初甘露对他颇有好感,所以他们之间仍旧保持着联系。甘露的丈夫,是一个很上进的男人。长得英气挺拔,很有女人缘。公司里也有很多女同事向他暗送秋波,但他还是唯独喜欢甘露。

后来他们走在了一起,顺理成章地结了婚。他对甘露很关心,甚至比恋爱时更加地爱护她。

他们都是从外地来京的,他每月的薪水有5000多,加上甘露的工资2000左右,在这个房价高得离谱的城市,房子是买了,不过也是七拼八凑,加上这几年的存款,刚好够首付。

有了房子,也要过日子。接下来他们都加倍地努力工作,想尽早地结束做"房奴"的日子。

甘露理解他的早出晚归,生怕他工作过于劳累而身体累垮。每天下班后甘露就全身心地投入到家务中去,为他做好坚实的后盾,免除他的后顾之忧。终于贷款还得差不多了,他们的身心都渐渐疲惫。原来这些日子,他们都很少交流,甚至都忘记了彼此的存在。甘露感觉到他们之间的距离在日益疏远。

那次,丈夫又早出晚归回来后,甘露已经睡下,他慢慢地移步到卧室,然后脱了衣服去洗澡,房间里开着灯,灰暗的灯光就像鬼魅,似乎隐藏着某种隐隐的恐惧,令人无法言说。

甘露便穿好衣服起身,打开他的公文包,翻看了一些他的工作日记。又从他上衣口袋里寻到手机,看到一些短信息都是一些黄色的笑话,便以为他一定跟某个女人保持暧昧,心里便开始五味杂陈,有些痛灼。

就在这时,丈夫从洗手间走了出来,看见了甘露。甘露手忙脚乱,慌乱中将他的手机掉落在了地上,他便明白甘露在寻找某些留下来的痕迹。

他有些生气,从地上捡起手机,说:"你是不是不相信我,以后没我的同意不要乱动我的东西!"

甘露说:"这些信息是不是一个女人给你发的?"

他说:"是啊,你这么喜欢我外面有女人,那我就去找好了,不然也对不起你的一番猜忌!"

说完便抱起毛毯向沙发上走去。

他在客厅睡下,而甘露泪流满面。

当女人给予的爱让他们感到过分沉重的时候,他们便会想到逃离。"享受"爱情也会变成"索取"爱情,两个人的感情再也没有最初那般纯美。男人是独立的个体,而不是女人的私人物品,他们有自己的交际圈,也有自己的"地盘",当女人把索要爱情的触角伸向了不该伸的地盘时,男人只会觉得女人不可理喻。

爱情是甜蜜的,但它也有秉性,这就如同仙人掌,它明明不需要太多的水分,而你却因为"爱"拼命地浇灌,结果可想而知。

想要呵护自己的爱情，就必须掌握爱的秘诀，那就是适当地保持距离。真正的爱是有弹性的，彼此不是僵硬地占有，也不是软弱地依附。相爱的人给予对方的最好礼物是自由，两个自由人之间的爱，拥有张力，这种爱牢固而不板结、缠绵却不黏滞。没有缝隙的爱是可怕的、令人生畏的，爱情失去了自由呼吸的空气，迟早会因窒息而"死亡"。

　　如果你爱上一个人，请给他一点独立的空间和隐私的自由吧！让爱像风筝一样在天空中飞翔，只要你握紧了手中的线，在需要时把他拉回来，让他靠近你，这份爱就不会跑掉，而会长久永恒。

Part 8

在彪悍的人生里，做一个孤独的领跑者

　　人生是一首来自心灵谱写的歌，失败的曲调只是这些旋律中很小的一段，青春更是春天的每一页书签。记录下了所有的欢歌笑语，也容纳了人生的辛酸和苦辣。从阳光照射地平线的那一刻开始，我们的脚步几乎从来没有停止过。

　　我们每个人都会摔跟头，但面对同样的境况，有些人变得日益成熟，把成功视为生命细细地加以勾画；有些人却从此一辈子都没有爬起来过，只是带着满脑子的沮丧和困倦，催老了自己。

01.能站起来，就别再欣赏跌倒时砸出的坑

一条通往前方的单行道你不可能有来回走的机会，在一个地方摔倒了，与其回忆这个不会再来的地方带给自己的伤痛，还不如想想在接下来的路上怎么避免相同的事情发生。你要相信，经历过失败的你比任何人都强大，失败不会将你打倒，未来更不会！

1

人生的道路不可能是一帆风顺的，总会遇到各种坎坷，一个人成功还是失败，关键在于遇到困难、遭受挫折和失败后所持的态度，在于是否经得起失败的考验。失败如不配上坚强的意志和一贯的恒心，它就只能是失败，不会孕育出成功来。

在香港的赛马场上有一匹叫作"春丽"的赛马，它在过去一共参加了113场比赛，结果输了113场。尽管如此，还是有许多市民争先恐后地购买门票，观看"春丽"的比赛。为什么这一匹从未有过"辉煌战绩"、屡战屡败的赛马，还能吸引众多市民

的观赛热情呢？就是因为"春丽"那种屡败屡战的精神感染和鼓动了每一个人。

生活中许多人往往只能领受成功的欢欣，享受收获的喜悦,而不能接受失败的现实,承受失败的打击。殊不知,面对失败,苦恼和沮丧只会使自己在消沉的泥沼里越陷越深,难以冲出自设的牢笼。我们常说允许失败,而不允许停步,这话是有道理的。

人生之路漫长而坎坷,我们不能因一次失败而失意,也不能因两次失败而失志,更不能因三次失败而彻底放弃、躺倒不干。要明白,一次失败不要紧,多次失败亦无关紧要,要紧的是,不要被失败击垮,失败了,但绝不是失败者。因为失败只是对奋斗过程中某一环节的努力的评价，而失败者却是对一个人一生的论断。前者使人觉得有希望,后者却只给人带来失望与消沉。因此,一个人屡战屡败并不表示他就是个失败者;一个人能够屡败屡战,就表示他并未失败! 只要一个人的斗志还在,他就不是一个失败者。

2

巴尔扎克说:"挫折就像一块石头，对于弱者而言它是绊脚石,只能让人止步不前;对于强者而言,它却是垫脚石,让人站得更高,看得更远。"

失败是和成功相伴的,没有失败,人们就品尝不到成功的味道。然而失败也和痛苦相伴,这才是人们所不能接受的。实际上,失败并没有想象中那样可怕,如果你过度沉溺于失败带来的痛苦和挫败,那么你就永远找不到前进的方向。

失败并不意味着一无所有,可以将它看作是人生的一个警示牌,通过失败总结经验教训,改变对策,重整旗鼓,才能以更好的姿态拥抱成功。在失败中善于做一个"淘金者",才能找到自己真正需要的东西。

古代欧洲的苏格兰有个国王名叫罗伯特·布鲁斯。在他统治苏格兰期间,英格兰国王向他发起了战争,带着大队人马入侵苏格兰,企图占领他的土地。

布鲁斯和敌人的战争一场接一场。可是他领导的失误以及其他各方面的原因,布鲁斯六次率领军队与敌人作战均以失败告终。最后,他的信心溃散了,他的军队也溃散了,他被迫躲进了一间废弃的茅屋里。

一个雨天,他又疲倦又伤心,已准备放弃所有的希望,对他来说,仿佛任何努力都是徒劳。当他正带着失望与悲哀躺在柴草床上的时候,他看见一只蜘蛛正在结网,为了取乐自己并看蜘蛛如何对付挫折,国王毁坏了它将要完成的网。蜘蛛并不在意它的灾害,反而继续工作,打算再结一张新网。苏格兰国王又把它的网破坏了,蜘蛛又开始结另一张网。

布鲁斯惊奇了。他自语道:"我被英格兰打败了六次,我已经准备放弃战争了。假使我把蜘蛛的网破坏六次，它是否也会放弃它的结网工作呢？"

他毁坏了蜘蛛的网六次。但蜘蛛对这些灾难毫不介意，并没有因为六次失败而放弃，它更加小心翼翼地进行第七次的努力，终于它成功了。

"我也要去试第七次！"布鲁斯叫了起来。他被这只蜘蛛感动了，他鼓起了勇气，召集一支新的军队，并把这鼓舞人心的故事传颂给那些已失去信心的臣民。决定重整旗鼓，从英格兰人的手里夺回他的国家，他很谨慎而耐心地做着准备，终于打了一次重要的胜仗，把英格兰人赶出了苏格兰国土。

尽管失败使我们痛苦，但经受失败没什么大不了，只要我们能够积极一点，乐观一点，善于从失败中学习，不断地总结失败的教训，并告诫自己下次绝不可犯此类错误，然后重整旗鼓、从头再来，就能一步步走出失败的阴影，收获成功的阳光。

失败并不是什么可耻的事情，不要不敢面对。青春无敌，没有什么是我们面对不了的。我们未来的路还很长，一时的失败并不能将我们的整个人生打入地狱。坚持下去，告诉自己，这只不过是一时的失败而已，不要时时刻刻都暗示自己"我已经失败了"。这只能让自己跌入永不翻身的深渊。

失败不是人生的遗憾，因为每一次成功的背后，总是隐藏着无数次的失败，我们只有跨越这一次次的失败，才可能做出成绩。

既然选择了远方，便只顾风雨兼程

3

世上没有标准意义上的成功，也没有完全意义上的失败。就算真失败了，也不要紧。从哲学意义上说，失败者反倒是一种光荣，因为失败者至少尝试过，至少曾经有过机会成功。因此，跌倒了，爬起来就是了，难道还要躺在那儿欣赏自己砸的那个坑？

1832年，林肯失业了，这显然使他很伤心，但他下决心要当政治家，当州议员。糟糕的是，他竞选失败了。在一年里遭受两次打击，这对他来说无疑是痛苦的。

接着，林肯着手开办企业，可一年不到，这家企业又倒闭了。在以后的17年间，他不得不为偿还企业倒闭时所欠的债务而到处奔波，历尽磨难。

随后，林肯再一次决定竞选州议员，这次他成功了。他内心萌发了一丝希望，认为自己的生活有了转机："可能我可以成功了！"

1835年，他订婚了。但离婚期还差几个月的时候，未婚妻不幸去世。这对他精神上的打击实在太大了，他心力交瘁，数月卧床不起。1836年，他得了神经衰弱症。

1838年，林肯觉得身体状况良好，于是决定竞选州议会议长，可他失败了。1843年，他又竞选美国国会议员，这次仍然没有成功。

林肯虽然一次次地尝试，但却是一次次地遭受失败：企业倒闭、情人去世、竞选败北。要是你碰到这一切，你会不会放弃这些对你来说重要的事情？

林肯是一个聪明人,他具有执着的性格,他没有放弃,他也没有说:"要是失败会怎样?"1846年,他又一次参加国会议员的竞选,最后终于当选了。

两年任期很快过去了,他决定争取连任。他认为自己作为国会议员表现是出色的,相信选民会继续选举他。但结果很遗憾,他落选了。因为这次竞选他赔了一大笔钱,林肯申请当本州的土地官员。但州政府把他的申请退了回来,上面指出:"做本州的土地官员要求有卓越的才能和超常的智力,你的申请未能满足这些要求。"

接连又是两次失败。在这种情况下你会坚持继续努力吗?你会不会说"我失败了"?

然而,作为一个聪明人,林肯没有服输。1854年,他竞选参议员,他失败了;两年后他竞选美国副总统提名,结果被对手击败;又过了两年,他再一次竞选参议员,还是失败了。

林肯尝试了11次,可只成功了2次,他一直没有放弃自己的追求,他一直在做自己生活的主宰。1860年,他当选为美国总统。

失败了、受挫了,伤心总是难免的。但也不必太悲观,从一定意义上说,你能失败,就已经是一种成功了。我们需要鼓起勇气,迎着人生的磨难大步向前。天不助你,地不助你,你还可以自助。否则,就像一位身染重病的人,一旦他放弃了求生的意志,无论医生技术多么精明,也回天乏术。

02.它的B面叫成功，可惜你只看到了A面

失败和成功好比乐曲中两个不同的音符，人生如歌，不可能永远失败，也不会总是成功，失败常常是成功过程中必不可少的一道工序。

只有摔倒过，我们才会懂得如何爬起来，才会珍惜每一个实践的机会，善待自己，完善自己。

1

人的一生，就像一次经历了万水千山的跋涉，而生命乐章的精彩之处，则在于顿挫。如果能够以这样乐观的态度看待挫折，那么面对挫折，相信我们可以潇洒走过。

拿破仑·希尔曾经这样说过："那种经常被视为是失败的事，只不过是暂时性的挫折而已。还有，这种暂时性的挫折实际上就是一种幸福，因为它会使我们振作起来，调整我们的努力方向，使我们向着不同但更美好的方向前进。"

巴威尔写作前是一位富翁，但是他没有选择和他财力对等

的享乐型生活，而是选择了挥笔写作。之后，他千辛万苦创作出来的首部诗作《杂草和野花》，被当时的文学界讥讽为真正的"杂草和野花"。许多当时颇有影响的文学家不屑一顾地相互议论说："巴威尔那个家伙真不自量力，以为凭一句'啊！美好的生活'就可以青史留名，真是可笑，太可笑了！"他因此成为当时文学界最大的笑料，是人们茶余饭后消遣的最好谈资。

后来，他再次努力创作的小说《福克兰》，又成了一部失败之作。这次，曾经嘲笑他的人更坚信自己的看法了，他们像宣告真理一样，嘲笑巴威尔：垃圾根本无法回收。

有些意志薄弱者如果遇到这种情况肯定会放弃，然而巴威尔却继续笔耕，坚持不懈，不达目的决不罢休。他的这种不被打倒的意志让他对创作充满了冲击和拼搏的力量。通过不断的努力，广泛的阅读，他最终走出了失败的阴影，迈向了成功。继《福克兰》之后，他在一年之内又发表了作品《伯尔哈姆》。这次，读者给出了一致好评。巴威尔从此开始了长达三十多年的文学创作生涯，写就了一系列优秀作品，一举登上了世界文坛的巅峰。

如果当初巴威尔沉沦在失败中，沉陷在别人的嘲讽中，那他还会有这样的成就吗？没错，我们在前进的过程中，难免会面临各种各样的失败。失败并不可怕，我们只要彻底清除思想中与失败相关的所有东西，然后拍拍身上的灰尘站起身，就一定能够争取到甘甜的未来。

2

海明威的《老人与海》里有这样一句话：你可以被打败，但不能被打倒。没错，坚持就是这样，只要我们相信它、坚信它，那它就不会让我们失望；只要我们不抛弃它、不对它放手，那它就不会抛弃我们，会一直引导我们走向成功的巅峰。

失败只不过是生活中的一个小插曲，挫折只是人生的一个阶段，如果我们能够正确地对待挫折，就能够拥抱明天的阳光。

生活中，很多人之所以取得成功，是因为他们站起来的次数比他们倒下的次数更多。即使被打倒1000次，也要有第1001次站起来的勇气和信心。他们把握住了那万分之一的机会，最终站在山巅上笑看人生。

失败并不可怕，可怕的是在失败中消沉，在失败面前俯首称臣，在失败后驻足不前。那种视失败为洪水猛兽的人，永远不会成功。

面对失败的挑战，不要低头，不要犹豫，要知道成功是无数失败的积累，弱者的可怕在于失败后的沉沦，强者的可敬在于失败后的奋起，也许山重水复疑无路的时刻，恰是迎来柳暗花明见坦途的契机。

3

在送别时，人们常常喜欢用"一帆风顺"来做最后的结语。但是自然界的常识告诉我们:只有风帆直面风浪的时候,才会走得顺利。其实,那些人生中的挫折就是吹向风帆的风,只有坚持住,直面它,才有可能顺利地前行。

成功后不偏离最初的梦想,受挫后不迷失坚持的方向,这正是一个成大事者的气度。

常常有人抱怨自己的一生不如意,总是遭受各种无端的挫折,而一旦陷入这样的循环中,越来越多的不如意就会接踵而至。有很多人习惯将人生比作一场旅行,那些经历的挫折,在很大程度上都可以看成旅行中的岔路,只有历经这些岔路之后,才能找到正确的前进方向。

贝多芬是举世瞩目、受人敬仰的大音乐家。他出生于德国的一个音乐世家,自幼跟随父亲学习音乐,8岁时就举办了个人音乐会。22岁时,他已经在维也纳开始从事音乐教学和演出活动。

贝多芬自幼就表现出不凡的音乐素质。17岁时,他上门向音乐大师莫扎特求教。经过莫扎特的指导和自己的勤学苦练,贝多芬逐渐成长为一名杰出的音乐家,创作了数以百计的音乐作品。但从1816年起,贝多芬的健康状况越来越差,后来耳病复发,不久就失去了听觉。作为一个音乐家,失去听觉,意味着将要离开自己喜爱的音乐艺术,这个打击简直比判了死刑还要痛苦,但是贝多芬以"我将扼住命运的咽喉,它绝不能使我屈服"的声音来告知世界他不会屈服。

于是,贝多芬又开始了与命运的长期抗争。除了作曲外,他还想担任乐队指挥。结果在第一次演奏时弄得大乱——他指挥的演奏比台上歌手的演唱慢了许多，使得乐队无所适从，混乱不堪。当别人写给他"不要再指挥下去了"的纸条时，贝多芬顿时脸色发白，慌忙跑回家。此时的他，痛苦至极。

即使经历这样的打击，也没能使他消沉，他又以极大的意志力对抗耳聋。耳朵听不到，他就拿一根木棍，一头咬在嘴里，一头插在钢琴的共鸣箱里，用这种办法来感受声音。这样，他不仅创作出了比过去更多的音乐作品，还能登台担任指挥了。1824年的一天，贝多芬又去指挥他的《第九交响乐》，博得全场一致喝彩。热烈的掌声响起来了，然而，他却听不到丝毫声音，直到一个女歌唱家把他拉到前台时，他才看见全场纷纷起立，有的挥舞着帽子，有的热烈鼓掌。这种近乎狂热的反应，令贝多芬惊讶不已。

1827年，贝多芬不幸去世。他一生创作了9部交响乐，其中尤以《英雄交响乐》《命运交响乐》《田园交响乐》《合唱交响乐》最为著名，此外还有32首钢琴奏鸣曲以及大量的钢琴协奏曲、小提琴曲协奏曲等，为世界音乐的发展做出了重要贡献。

贝多芬是个了不起的人。耳聋对于一个音乐家来说是致命的打击，但贝多芬为了自己执着的音乐事业而不向现实屈服，不向耳病屈服，而是以惊人的毅力追求着自己热爱的音乐事业，并取得了举世瞩目的成就，实在是令人敬佩。

大哲学家尼采说过："受苦的人，没有悲观的权利。"因为受苦的人，必须克服困境，悲观和哭泣只能加重伤痛，必须让自己积极起来,才能渡过难关。积极乐观地面对生活中的一切,面对挫折永不服输,才会让自己更有斗志,最终获得他人的认可和青睐,实现自己的价值。

03.彪悍的人生里,不需要躺着舔舐伤口

走出失败的阴影,敢于面对失败,正确对待失败,不被暂时的失败和挫折所吓倒,在失败面前不悲观、不失望、不气馁,我们应该认真吸取失败的教训,排除心理障碍,找出原因,对症下药,直到成功。

1

世人皆向往成功,然而在成功的道路上却蕴藏着许多失败。有的人会因为失败而沉沦,因为他们逃避失败;有的人会因失败而奋进,因为他们敢于正视失败,这才是成熟者应有的做法。

有些话说起来容易,做起来难。有了失败不气馁,接受教训就会有成功,所以失败和成功是密不可分的。

一百多年前，雀巢创始人亨利·内斯特莱受父亲牵连，被迫逃亡国外，躲避政治迫害，原本无忧无虑的生活顿时变得捉襟见肘、异常艰辛。

一天，他路过一片刚刚遭过洪水的农田，原本长势良好的庄稼被毁，一片狼藉。这使他联想到自己的命运。正想着，他看到远处有一个农民。亨利好奇地走过去，发现农民正在补栽庄稼，他干得很卖力，脸上还很开心。亨利不能理解，便问农民："庄稼都这样了，为何还要补栽？"对方回答说："你说我该生气？还是该抱怨？该纠结？年轻人，那没有半点效果，只会使事情更糟。年轻人，那都是上帝的安排。洪水毁坏了庄稼，但也带来了丰富的养料。我敢保证，今年一定是个丰年。"

农民的话启发了亨利，他觉得心中的不快刹那间烟消云散。后来，他成了一名药剂师，致力于母乳替代品的研究。在此过程中他经历了无数次失败，每次失败时，他都会想到那位农民的话，不生气、不抱怨、不纠结、不放弃，最终研制出了全新的婴儿奶粉，并创立了雀巢。

忘了是哪位哲人说过："空白的人生，总是缺少磨砺。真正的人生，势必离不开磨难。"一个人只有经历过风雨，才能笑对风雨，才懂得珍惜那些无风无雨的晴好日子。当然，就算他不能够笑对风雨，风雨也总有一天会降临到他头上。因为人生的道路上，谁都难免碰到这样那样的磨难。

2

失败是这个世界的一部分,我们可以尽量避免失败。但是,永远不失败的人是不存在的。失败是人类与生俱来的弱点,与失败共生是人类不得不接受的命运。

任何成功的背后,都有无数的失败做支撑。我们赞美成功,我们更应当赞美失败。我们应当正视失败,接受失败,从失败中振作起来,让自己成熟起来,去争取成功的早日到来。

爱迪生在经过14000多次实验后发明了电灯。当记者问爱迪生对这么多次失败有何感想时,爱迪生这样回答:"我不是失败了14000多次,而是发现了14000多种行不通的方法而已。"在爱迪生的字典里,根本没有"失败"这两个字的存在。在他的眼里,曾经的失败,只是证明了一种道路不可行,仅此而已,它完全不足以成为阻挡他继续前进的障碍。

只有走下去,路才会变长。当我们因为一次的跌倒而瘫坐在原地裹足不前时,这条道路对我们来说便结束了;而当我们披荆斩棘地勇往直前时,这条路也就因我们的勇气和斗志而向着远方的目标延伸下去。

3

在奋进的过程中,成败都是自然的。有成功就必然有失败。但是，生活中一些人却只迷恋成功而害怕失败，有些人甚至把失败看作是毁灭与灾难。有这种想法的人，就等于在自己的内心种下了失败的种子。就算你最终成功了，也不能成为真正的成功者。

而另一种人则不同，他们将失败当作上天的一种恩赐和机会，将失败看成是成功的入场券，会去善待失败，微笑面对挫折，并将其转化为前进的动力，最终成为真正的大赢家。

美国黑人女性的杰出代表、好莱坞当时最红的女明星之一哈莉·贝瑞，她集美丽、智慧和坚韧于一身。从17岁开始，她就接连不断地荣获令人羡慕的殊荣与奖励。

2001年，美国西部时间3月24日下午5点30分，第74届奥斯卡金像奖颁奖典礼在洛杉矶的"柯达剧院"隆重举行。此刻，在奥斯卡颁奖的历史上翻开了崭新的一页，傲慢的奥斯卡终于被黑人演员的成就所征服，一扇向黑人女演员关闭了74年之久的奖励大门终于敞开了。哈莉·贝瑞凭借在电影《怪物午宴》中的精彩表演，获得了奥斯卡"最佳女主角"奖，成为奥斯卡历史上的第一个黑人影后。她手捧奥斯卡小金人，兴奋地高高举起。

但是，即使是命运的宠儿，也不可能永远一帆风顺。2005年2月26日晚，命运同哈莉·贝瑞开了一个天大的玩笑，将她从人生的巅峰抛进了人生的谷底。在第25届"最差"奖颁奖仪式上，她主演的《猫女》被评为"最差影片"，她也被评为"最差女主角"。她走上了领奖台，用曾经接受过奥斯卡最佳女主角奖杯的那双手，接过了金酸莓"最差女主角"的奖杯，成为第一位亲手接过此奖杯的好莱坞女影星。

金酸莓电影奖设立于1981年，跟奥斯卡奖评选"最佳"相反，专门评选"最差"影片、"最差"导演和"最差"演员等奖项，并且会举行颁奖仪式，颁发奖杯。对于这个带有恶作剧意味的颁奖，好莱坞的明星大腕们从不正眼相看，也从来没有一个当红的女明星参加过这个颁奖仪式，更没一个当红的女明星有勇气亲手接过授予自己的"最差女主角"奖杯。

哈莉·贝瑞在人生的巅峰时没有忘乎所以，认为自己是绝对的成功；在人生的谷底时也没有一蹶不振，认为自己是绝对的失败。她难能可贵地认为，在人生旅途的地平线上，成功与失败同样都是崭新的开始。

她在发表获奖感言时说："我的上帝！我这辈子从来没有想过我会来到这里，赢得'最差'奖，这不是我曾经立志要实现的理想。但我仍然要感谢你们，我会将你们给我的批评当作一笔最珍贵的财富。"她最后对大家说："请相信，我不会停下来，我今后会带给大家更精彩的表演。"听到这些话，人们给了她一阵又一阵热烈的掌声。

颁奖过后，记者围住了哈莉·贝瑞。有人问："您为什么不怕丢脸前来领奖？"她说："我认为，作为一个演员，不能只听他人的溢美之词，而拒绝接受别人对自己的批评和指责。既然我能参加奥斯卡颁奖典礼并接过小金人，那么我也就应该有勇气去拿金酸莓的奖杯。"有人问："您将如何保存这个奖杯？"

她举起手中的"最差女主角"奖杯说："我要将它放在我的厨房里，我每天都会面对它。它很有分量，当全世界的赞扬和恭维像飓风一样袭来的时候，只要看它一眼，我就不会被吹到云彩上面去。在许多人都在赞扬和恭维的时候，批评和指责的声音是最珍贵的，因为它使人清醒。不会让人头脑发热，我一直将批评和指责当作最珍贵的财富。"

当有人请她留言签名的时候，她写下了小时候妈妈千叮咛万嘱咐的一句话："如果不能做一个好的失败者，也就不能做一个好的成功者。"

生活有时会违反常规，以另一种形式出现在我们面前。在许多时候，成功往往会变成一道减法题，一点点地减去你的志气、奋斗和体魄。而失败却成为一道加法题，不断地加进你的梦想、努力和汗水。最后你会发现：失败不过是走向成功的一个必经阶段。

04.任何时候只要你愿意,都能东山再起

有时候，成功的秘籍并不深奥，对于每个人来说，其实就是简简单单的一句话：鼓起你的勇气，乐观面对每一天。

1

　　每个人在一生中都有一门重要的学问要学,那就是怎样去面对失败, 处理的好坏往往决定了他一生的命运。要记住这句话:"面对人生逆境或困境时所持的态度,远比任何事都来得重要。"

　　美国从事个性分析的专家罗伯特·菲利浦有一次在办公室接待了一个流浪者。那人进门打招呼说:"我来这儿,是想见见这本书的作者。"说着,他从口袋中拿出一本名为《自信心》的书,那是罗伯特许多年前写的。

　　流浪者说:"一定是命运之神在昨天下午把这本书放入我的口袋中的,因为我当时决定跳到密歇根湖了此残生。我已经看破一切,认为一切已经绝望,所有的人都抛弃了我,但还好,我看到了这本书,使我产生新的看法,这本书为我带来了勇气及希望,并支持我度过昨天晚上。我已下定决心,只要我能见到这本书的作者,他一定能协助我再度站起来。现在,我来了,我想知道你能替我这样的人做些什么。"

　　在他说话的时候,罗伯特从头到脚打量流浪者,他茫然的眼神、满面的皱纹、纷乱的胡须以及沮丧的神态,这些向罗伯特显示,他已经无可救药了。但罗伯特不忍心对他这样说。罗伯特请他坐下来,要他把他的故事完完整整地说出来。

　　流浪汉原来是因自己开办的企业倒闭、负债累累,离开妻女到处流浪,因而悲观绝望。

听完流浪汉的故事，罗伯特想了想，说："虽然我没有办法帮助你，但如果你愿意的话，我可以介绍你去见本大楼的一个人，他可以帮助你赚回你所损失的钱，并且协助你东山再起。"罗伯特刚说完，流浪汉立刻跳了起来，抓住罗伯特的手，说道："看在老天爷的份上，请带我去见这个人。"

流浪汉提出这个要求，显示他心中仍然存着一丝希望。罗伯特拉着他的手，带着他来到从事个性分析的心理试验室里，和他一起站在一块看来像是挂在门口的窗帘布面前。罗伯特把窗帘布拉开，露出一面高大的镜子，他可以从镜子里看到他的全身。

罗伯特指着镜子说："就是这个人。在这个世界上，只有一个人能够使你东山再起，除非你坐下来，彻底认识这个人，当作你从前并未认识他，否则，你只能跳进密歇根湖里，因为在你对这个人作充分的认识之前，对于你自己或这个世界来说，你都将是一个没有任何价值的废物。"流浪汉朝着镜子走了几步，用手摸摸他长满胡须的脸孔，对着镜子里的人从头到脚打量了几分钟，然后后退几步，低下头，开始哭泣起来。过了一会儿，罗伯特领他走出电梯间，送他离去。

几天后，罗伯特在街上碰到了这个人，他已经不再是一个流浪汉形象，他西装革履，步伐轻快有力，头抬得高高的，原来那种衰老、不安、紧张的姿态已经消失不见。他说，他感谢罗伯特先生，让他找回了自己，并很快找到了工作。

后来，那个人真的东山再起，成为芝加哥的富翁。

有些人在经历了一些挫折失败后便开始消沉,认为不管做什么事都不会成功,这种消极的情绪蔓延开来就让他觉得无力、无望,甚至无用。如果你想成功、想追求你所企望的美梦,千万不可有这样的想法,因为那会扼杀你的潜能,毁掉你的希望。像这样具有摧毁性的心态在心理学上叫无用意识,它是指一个人在某方面失败的次数太多,便自暴自弃地认为自己是个无用的人,从此停止了任何尝试。

2

如今,在每一节成功训练课里,都有这样一个"照镜子"的课程。其实,每位失败的朋友和追求成功的朋友,进去"照一照",定会与你以往出门前"一照"的效果大不一样。

当一个人相信困难会永远长存时,那就犹如在他的神经系统中注入了致命的毒药,你别指望他会拿出任何力求改变的行动。同样,当你听到别人跟你说这个困难会没完没了的话时,最好离他远一点。

不管人生中遇到什么不顺的事,你一定要记住:"这件事迟早会过去的。"只要你能坚持下去,终会有云散天开见月明的一刻。

人生中的赢家与输家、乐观者与悲观者的差别,在于是否相信困难的"无所不在",乐观的人从不相信人生处处都是困难,因而不会单为一个困难便把自己绊住,反而把困难视为一种挑战。

那些悲观的人，只因在某一方面失败，便一口咬定他在其他方面也会失败，结果就真的如他所想在金钱、家庭、工作乃至人际关系方面都出现了问题。他们既然无力管好自己的信念，那对其他的事情也就无能为力。

相信困难"永远长存"且"无所不在"是很伤人的，所以当你碰到困难时一定要确信自己能找出解决之道，并且立刻拿出相应的行动，就必然能很快地消除这些消极的观念。

3

每一种折磨或挫折，背后都隐藏着让人成功的能量。那些折磨过我们的人和事，往往是人生中最受用的经历。

生命是一个不断蜕变的过程，有了折磨它才能进步，才能得到升华。对于别人的折磨，我们应以一颗积极的心去看待他们，感谢他们的折磨，他们是你生命中不断进步的动力，是提升你个人魅力的最佳拍档。

1980年12月的一天，一个叫作苹果的公司在美国上市了。这个公司的创始人——24岁的乔布斯很快就变成了当时美国最年轻的亿万富翁。随之而来，1981年，乔布斯又获得了里根国家级技术勋章，成为美国人心中的偶像。

对于乔布斯来说，成功来得如此之快，快得让他不敢相信。终于，他开始有些飘飘然了。他的脾气越来越坏，越来越独断专行，越来越傲慢,逐渐迷失了自己。他在Lisa计算机和麦金塔计算机的研发中完全不计后果地投入大量人力、物力,最后导致了管理层的强烈不满。随后,Lisa计算机项目被叫停,倾注苹果公司和乔布斯大量心血的麦金塔电脑上市后,也没有取得预期的销量。乔布斯与被他请来的CEO斯卡利之间的矛盾也逐渐公开化和白热化。乔布斯没有意识到,自己已经把自己带入了孤立无援的境地。

战火终于燃烧了,在一次耗时24小时的会议后,董事会一边倒地拥护斯卡利,乔布斯被剥夺了全部运营权。5个月后,他辞职了。在与斯卡利的博弈中,乔布斯最终败北。

乔布斯的人生之旅就此改变,他从平坦宽广的柏油路,走上了泥泞的小路。

乔布斯被他自己创建的公司扫地出门了,这令他感到非常屈辱。离开苹果的乔布斯一连几个月不知道应该怎么办。他曾经愤怒地以低价抛售了手上所有的苹果股票,曾经为了抚平内心的伤痛而一个人蓬头垢面地在印度流浪。很长时间,他都无法接受这样的结果。经过漫长的痛苦与挣扎后,他慢慢地冷静下来,决定从头开始。

此后的十多年的时间里,他开了一家名叫NEXT的科技公司,并收购了一家叫皮克斯的动画公司。皮克斯公司推出了世界上第一部用完全计算机制作的动画片《玩具总动员》,一举获得成功。现在,皮克斯已经是全球最成功的动画制作室。乔布斯后来诚恳地对别人说,如果当初他没有被苹果公司解雇,他可能一直都在一个错误的方向上努力，而此后创建NEXT公司、收购皮克斯公司等行为就不可能发生。同样，此后凭借NEXT和皮克斯的成功而重返苹果也就不会发生。最后，苹果只会烂掉。那时的他，被公司扫地出门，实在是最好的结果。如果他追求日后的成功，就一定要承受当时的那些痛苦。

其实，人生之光荣，不在永不失败，而在能屡仆屡起。对每次跌倒能立刻站起来，每次坠地反像皮球一样跳得更高的人，是无所谓失败的。人生是一条没有尽头的路，不要留恋逝去的梦，把命运掌握在自己手中，艰难前行的人生旅途中，就会充满希望和成功！

05.谁都不会轻易成长,包括成功

每一个生命成长的过程，都是一个克服重重阻碍、化茧成蝶的过程，苦难的存在让我们的生命里充满了成长的机会。如果没有苦难的存在，我们就如同温室里的花儿一样，感受不到春天的微风、夏天的雷雨、秋天的寒霜与冬天的白雪。我们的生命会变得枯燥而无味，享受不到收获的喜悦，甚至，将永远丧失成长的机会。

1

人在世界上生存,总是免不了遇到各种各样的烦恼,事实上,我们的生活不可能一帆风顺,因为成长和进步不是在顺境中轻易就能获得的,而是需要我们在困难中逐渐领悟和收获的。在我们面对困境时,应该牢记:生命需要经历适当的历练才能成长。

海伦·凯勒的名字在全世界都不陌生。

她好像注定要为人类创造奇迹,或者说,上帝让她来到人间,是为了向常人昭示残疾人的尊严和伟大。

1882年,在她19个月大的时候,因为发高烧,脑部受到伤害,从此以后,她的眼睛看不到,耳朵听不到,后来,连话也说不出来了。

她在黑暗中摸索着长大。7岁那年,家里为她请了一位家庭教师,也就是影响了海伦一生的沙利文老师。沙利文在小时候眼睛也差点失明,理解失去光明的痛苦。

在她的用心指导下,海伦用手触摸学会了手语,摸点字卡学会了读书,后来用手感知别人说话时的唇形,终于学会说话了。

沙利文老师为了让海伦接近大自然,让她在草地上打滚,在田野跑跑跳跳,在地里埋下种子,爬到树上吃饭,还带她去摸刚出生的小猪,到河边去玩水。

就这样,海伦在老师爱的关怀下,竟然克服了失明与失聪的障碍,她学会了说话,并开始和其他人沟通。

海伦知道,如果没有老师的爱,就没有今天的她,她决心要把老师给自己的爱发扬光大。

海伦跑遍美国大大小小的城市,周游世界,为残障人士到处奔走,全心全力为那些不幸的人服务。

海伦把一生都献给了盲人福利和教育事业,赢得了全世界人民的尊敬。

海伦·凯勒终生致力于服务残障人士,她一生写了14本书,处女作《我的生活》一出版,立即引起了轰动,被誉为"世界文学史上无与伦比的杰作"。

在生活中,每个人都会经历许许多多的风雨考验,在人生道路上所遭受的风雨是磨砺我们意志的体验。当我们失败或不顺的时候,如果再试一次,也许就能看到雨后的彩虹。

2

曾经有这么一个人,他热爱大自然,喜欢观察飞鸟,寻找小动物的踪迹。同时,他有着一颗善良、淳朴的心,见到任何人有困难都会施以援手。

在一个乍暖还寒的春天的早晨,他像往常一样在自己家附近的森林里漫步,突然他很意外地发现了一只蝴蝶的茧。这只美丽的白色的茧正挂在一棵树的树枝上,随着微风轻轻摇晃。他想:如果能目睹破茧成蝶这一自然奇迹,那该是多么幸运啊!于是他每天都怀着激动而不安的心情去看看这只茧。几天过去了,这只茧似乎没有任何活动或生命的迹象,他开始有些失望了。

终于有一天,茧的一端裂开了一个很小的口。于是,那个人坐在林地上,准备欣赏这场"表演"。他看着蝴蝶用了数小时的时间从一个小洞里向外挣扎。这个过程一直在持续。那个人越来越没有耐心,他心里一直在思索着该怎么帮助一下这个可怜的小生命。不一会儿,茧中的生命好像完全停止了挣扎,看上去好像已经用尽全力,再也不能更进一步了。

于是,这个人决定帮蝴蝶摆脱阻碍。他回到家,找了把剪刀,然后返回森林,把茧剪开了一个很大的洞。蝴蝶很快就从茧中钻了出来,但是它并不像一般的蝴蝶那样身躯轻盈,而是身体臃肿肥大,翅膀也萎缩无力、黯淡无光。那个人坐了下来,继续观察蝴蝶,期待着蝴蝶的变化。

他以为蝴蝶出来时都是这个样子,于是他想象着,蝴蝶的身体是怎么从臃肿逐渐变得轻盈、优雅,翅膀是怎么变得鲜艳而有力。然而,他等了许久,蝴蝶却依然是那个样子,他想象的那些事情,一件都没有发生。

事实上,这只蝴蝶只能是这样了,它的一生将只能用它肿胀的身体和褶皱的翅膀在地上爬行,和它在成为蝴蝶之前的那只虫子一样,它永远也飞不起来。这个仁慈又心急的人,不明白茧的束缚与蝴蝶的挣扎是必要的。在蝴蝶从小孔挣扎出来的过程中,血液从身体里挤出,进入翅膀。只有这样,在从茧中获得自由后,蝴蝶才能展翅飞翔。

3

上大学的时候,他就开始踏入社会了,他想要尽快闯出一番自己的天地。和朋友们找工作实习不同,他想干的是属于自己的事业。为此,他跟家里要了一笔钱,作为自己的创业基金。刚开始,他进了一些货物卖,但是他没有什么经验,又缺乏市场洞察力,生意冷淡。最后别说赚钱,就连本钱都赔了进去。不过他认为这不过是因为自己没什么经验而已,下次一定会更好。经历这次失败过后,他并没有沉浸在痛苦中,反而是很快地振作了起来。

很快,毕业的季节来临了。对于他来说,这是他梦寐以求的时刻,因为他终于能放开手脚去拼搏了。他的家人给予了他精神支持的同时,也给予了他物质支持。有了启动资金,就不愁生意做不起来。虽然家中建议他先观察市场,多了解了解再去做,但是他等不及,还是出手了。这次的结果和他第一次创业没有什么不一样,还是以失败告终。

但是两次打击也不能毁灭他创业的决心。这次他断了自己的后路,不再跟家里要钱,而是向朋友借钱,重新开公司。他不相信,自己这么优秀,生活会一直这样拿他开涮。可是结果仍旧是失败……一次次的挫折都没有将他打垮,他一次次地振作,但是他的生活和生意没有丝毫改变,唯一改变的就是他债务的数字。

后来他实在想不通,就找到了曾经大学时代的导师,向他倾诉。他对导师说:"我实在想不通为什么,我已经非常努力了,但生活一再捉弄我。每当挫折来临的时候,我都告诉自己我还可以振作,但是生活没有给我一丝回报!再这样下去我真的不知道我还能坚持多久。"

他的老师听完后没有马上发表意见, 而是给他讲了一段自己的经历。他说:"我年轻的时候曾经喜欢四处旅游。有一次,我徒步走到了一片草原中。那里鲜有人烟,草生得非常茂密。当时是下午,我想快点走出草地,找到一个落脚地。在我走了一段路之后,不知道被什么绊了一下,摔了一个大跟头。不过我没有在意,因为我很着急,所以我马上站起来继续前进。但是没走多远,我又摔倒了。这个跟头摔得很疼, 同时也让我意识到了一件事情,这是一片草地,没有树根的牵绊,我为什么会摔倒呢?等我仔细观察才发现,绊倒我的是草环,而且周围有很多草环,让我想不到的是,这些草环勾勒出了一个轮廓,而在这些草环中央是一片沼泽,那正是我要通过的地方⋯⋯"

听完老师的话,他若有所思。在那之后,他冷静了一段时间,没有急于创业。在他周围的人以为他一蹶不振的时候,他厚积薄发,重新开起了公司,而且短短的几年时间就让公司走上正轨,他终于成就了自己的事业。

造物主是仁慈的,他让我们每一个人都拥有成长的机会;造物主也是智慧的,他不会让任何人轻而易举地获得成长。无论是朋友还是敌人,是顺境还是逆境,都是帮助我们成长的机会,只是它们会以不同的面貌和方式出现罢了。